PETER LEIGH

The Nostalgia Nerd's RETRO TECH

노스탤지어 너드의
레트로 게임 하드웨어

컴퓨터와 게임기 그리고 게임

2022년 12월 31일 초판 1쇄 발행

저 자 피터 리 (Peter Leigh)
번 역 김근태
감 수 꿀딴지곰
교 정 문홍주
표 지 디자인글로
편 집 엄다인
발행인 홍승범
발 행 스타비즈 (제 375-2019-00002 호)
주소 [16282] 경기도 수원시 장안구 조원로 112 번길 2
팩스 050-8094-4116
e 메일 biz@starbeez.kr

ISBN 979-11-92820-00-2 (03560)
정 가 22,000 원

The Nostalgia Nerd's Retro Tech by Peter Leigh
First published in the United Kingdom in 2018 by ILEX, an imprint of Octopus Publishing Group Ltd

PETER LEIGH

The Nostalgia Nerd's

RETRO TECH

COMPUTERS, CONSOLES, & GAMES

아타리부터 Xbox까지

20세기의 레트로 하드웨어들

목차

서문

안녕하세요? 저는 피터 리Peter Leigh입니다. 어쩌면 저를 '노스탤지어 너드 Nostalgia Nerd'로 알고 계시는 분도 있을지 모르겠네요. 저는 옛날 컴퓨터와 게임기에 대한 글을 쓰고 논하는 일을 오랫동안 했습니다. 그리고, 그러한 물건들에 정말로 많은 애정을 쏟아왔습니다. 과연 언제부터였을까요? 생각해 보면, 아마 이 책을 읽어주시는 독자 분들도 다들 그렇겠지만, 저는 PC가 아직 초창기이던 시절에 유년기를 보냈었습니다. 한 해가 멀다 하고 신기술이 속속 등장하는 걸 지켜보며 자랐어요. 정말 매혹적인 광경이었죠.

고전 컴퓨터에 대한 제 열정이 눈을 뜨게 된 본격적인 계기를 이제 와서 다시 떠올리기가 좀 힘들긴 합니다만(너무 많아서 하나만 딱 꼽기가 어렵거든요), 학교에서 처음으로 컴퓨터란 물건을 접했던 날만큼은 지금도 기억합니다. 그 컴퓨터는 BBC Micro였는데, 알디스 선생님이 빨간 카트에 실어 교실로 끌고 들어왔었죠. '대체 저게 뭘까?'라는 호기심과 흥분이 저를 완전히 사로잡았어요. 겉보기엔 TV처럼 생겼는데, 알디스 부인이 키보드를 누르자 글쎄 화면이 쓰윽 바뀌는 거예요. '이건 TV로는 불가능한 일인데. 손가락 하나로 화면 속 글자들의 운명을 바꿀 수 있다니!' 제 운명도 함께 바뀌어버린 순간이었습니다.

저를 매료시킨 경험이 이것뿐만은 아니었어요. 제 부친은 컴퓨터 프로그래머가 직업이었는데, 그때의 컴퓨터란 물건은 회사 빌딩의 한 층 전체를 잡아먹을 만큼 거대했고 큼직한 릴테이프를 보조기억장치로 사용했었죠. 딱 당시 SF영화의 한 장면처럼 말예요. 저와 제 동생인 데이빗은 아버지를 따라 자연스레 극초창기 컴퓨터를 접할 수 있었죠. 우리 둘은 어머니를 졸라 아버지의 일터에 따라가서, 컴퓨터가 보여주는 수상쩍은 화면을 응시하곤 했어요. 제가 영국에 살 당시 고른 첫 컴퓨터는, 당연히 싱클레어Sinclair ZX 스펙트럼(68쪽 참조)이었습니다. 오른쪽 구석에 무지개 무늬를 넣은 조그만 검은색 상자라는 모양부터가 충분히 매혹적이었어요. 거기에 돌링 킨더슬리 Dorling Kindersley 사의 스펙트럼 사용자 가이드 책자에 실린 프로그램을 입력해 실행했더니 선명한 색조의 노을과 폭발 영상이 화면에 떠올랐고, 그 광경은 그야말로 처음 맛보는 놀라움이었죠.

이런 경험들이 쌓이며, 저는 (부모님의 지갑을 바탕으로) 계속 차세대와 당대 최고의 기술을 쫓아갔습니다. 처음 ZX 스펙트럼에 눈을 돌렸을 때가 아마 1986년 언저리였을 거예요. 1990년대 초가 되자 코모도어 64(64쪽 참조)로 기종을 바꿨고, 이어서 세가 마스터 시스템(136쪽 참조), 메가 드라이브(116쪽), 아타리 ST, 아미가를 거쳐 결국에는 IBM-PC 호환기종(CPU가 무려 486DX2/50이었죠)에까지 도달했죠. 이렇게 나열해보니 마치 수많은 전자기기들이

apple II

sinclair
ZX80

ATARI®

제 삶을 후루룩 지나쳐간 것처럼 여겨지겠지만, 실제로 이 기기들을 즐기던 당시에는 하나하나가 영원할 것만 같았어요. 시간의 흐름이란 참으로 요상한 게, 세월이 마치 로켓처럼 순식간에 저를 스치고 지나가나 싶더라도, 신작 게임의 발매를 기다리는 한 달동안은 마치 8~90년대 어릴 적처럼 느려터지게 지나가는 느낌도 들더라고요.

제 절친인 마이클과 함께 오후 내내, 아타리 ST로 『건틀렛 2Gauntlet 2』를 즐기며 엘프나 판타지 풍 마법사 캐릭터에 완전히 몰입해 모험을 즐기던 기억도 납니다. 편안한 거실에서 『더블 드래곤Double Dragon』을 즐기고 있을 뿐인데, 어느새 지저분한 거리를 둘이서 활보하는 느낌에 빠져들었음을 깨달은 적도 있었죠. 지금도 그때를 생각하면 마치 마법에 걸렸었던 것 같은 추억에 잠기곤 해요.

하지만 이내, 저는 게임을 더욱 깊이 이해해보고 싶은 욕구가 생겼어요. 물론 대작과 수작 게임들을 더 찾아내 즐기고 싶기도 했지만, 그보다는 게임이라는 프로그램 내부가 돌아가는 구조에 더 관심이 생겼죠. 그때가 1980년대 중반쯤이었을 거예요. 게임의 작동방식 자체에 대한 호기심이 발동한 거죠. 왜 건틀렛2 에서 조이스틱의 발사 버튼을 누르면 붉은 마법사가 음식을 발사하는 걸까?(*편집 주) 음성합성 프로그램에서 "Hello"를 입력하면, 어떤 과정을 거쳐 1초도 안 되는 시간 내에 기계합성된 음성으로 바뀌어 나오는 걸까? 궁금하기 짝이 없었어요.

이게, 제가 매우 일찍부터 하드웨어와 소프트웨어와 프로그래밍을 배우고 연구하게 된 이유였습니다. 어른이 되고 나서도 이 호기심은 계속 이어졌어요. 어려서 눈을 떴던 이 호기심이 제 삶의 끝까지 가리라는 생각이 들자, 제가 알아낸 지식과 흥미와 흥분을 최대한 많은 사람들과 함께 공유하고 싶어졌죠. 이제 그러한 산업 초창기는 다시 돌아오지 않을 테니, 지금 우리가 한껏 누리는 이 기술들이 어디에서 왔고 어떻게 쌓여왔는지를 모두가 널리 알아야 한다고 생각합니다. 이를 알고 나면 게임과 컴퓨터는 물론, 수많은 선구적인 회사들의 경쟁이 만들어내는 이 산업의 균질하고 문명적인 미래도 더욱 깊이 이해할 수 있게 될 겁니다(그게 좋은 쪽이든 나쁜 쪽이든 말이죠).

편집 주
게임 『건틀렛(Gauntlet)』시리즈에서 체력을 채워주는 음식을 실수로 쏘면, 음식이 파괴되었다는 내용의 메시지 창과 함께(투사체에 의해 음식이 파괴됐습니다. Some food destoryed by shots.) 아나운서가 음성으로 정확히 누가 음식을 파괴했는지를 알려준다. (전사여 음식을 쏘면 안 됩니다! Warrior don't shoot the food!) 이는 건틀렛 시리즈의 전통처럼 이어진다.

SONY
PlayStation
SELECT
START
ANALOG
Nintendo
SELECT START
B A
Nintendo
SELECT START
B A
Nintendo
XBOX

그래서, 어떤 책이라는 건데?

애초에 저를 디지털의 세상으로 안내한 것이 바로 '게임'이므로, 당연히 이 책에서 다루는 주요 콘텐츠도 '게임'입니다. 편리하게 각 플랫폼별로 모든 게임을 공평하게 다루는 집필 방식도 있고, 특정한 게임 하나에 초점을 맞춰 깊이 있게 쓰는 방식도 있습니다만, 저는 모든 게임과 하드웨어를 골고루 애호하므로 그런 방식은 적절하지 않다고 생각했습니다. 제가 가장 즐겨 논하는 주제는, '게임'과 그 게임이 구동되는 '하드웨어'의 역사입니다. 이 책은 1970년대 산업 초창기부터 현 시점까지의 중요한 게임 플랫폼, 즉 게임기Gaming console와 가정용 컴퓨터Home computer들을 하나하나 짚어가며 다루려 합니다. 각 기기의 역사를 간략하게나마 다루고, 그 기기들이 게임의 역사에서 어떤 업적을 이뤘는지를 논하려 합니다. 또한 기기별로 발매된 게임들 중에서, 제 주관에 따라 '주목할 만한 게임', '즐겨볼 만한 게임', '피해야 할 게임'을 각각 하나씩 꼽아 제시할 것입니다.

제시된 게임 중에서 우선 '주목할 만한 게임'이란, 그 기기의 성능을 한계까지 밀어붙인 게임입니다. 하드웨어를 극한까지 쥐어짜내, 그 기기를 다시 보게 될 만한 최대출력급 결과물을 내놓은 작품이지요. 해당 기기가 어느 정도의 성능인지 알고 싶다면, 이 게임을 플레이해 보시라는 겁니다.
그리고 '즐겨볼 만한 게임'이란, 만약 해당 기기를 접해볼 기회가 있다면 이 게임만큼은 반드시 꼭 플레이해봐야 한다고, 제 주관으로 추천해드리는 게임입니다.
운좋게도 이런 레트로 기기를 접할 기회가 있더라도 만약 '피해야 할 게임'으로 꼽은 타이틀이 따라온다면, 그 게임만큼은 슬며시 빼두시기 바랍니다. 이 책의 레트로 게임 기기 마다 고심 끝에 이렇게 세 종류의 게임을 꼽았습니다만, 어디까지나 저의 개인적 의견인 주관적 리스트입니다.
특히 '피해야 할 게임'이 그렇습니다. 실은 제가 어릴 적 정말 재미있게 즐겼던 게임 중에도, 지금은 끔찍한 망작으로 결론이 내려져 있는 경우가 제법 있습니다. 그러니 제 의견에 설령 동의하지 못하시더라도, 적어도 제가 그렇게 꼽은 이유만큼은 읽고 너그럽게 이해해 주시길 바랍니다. 즐거웠던 과거의 풍경을 적절한 밀도로 묘사하면서 분량을 합리적으로 조절해 한 권의 책으로 만들기 위해 꼭 필요한 과정이었으니까요.
제가 이 책을 쓰며 즐거웠던 만큼, 독자 여러분도 즐겁게 읽어주셨으면 합니다.

컴퓨터와 콘솔, 그리고 게임들

SONY
1
2

BASIC

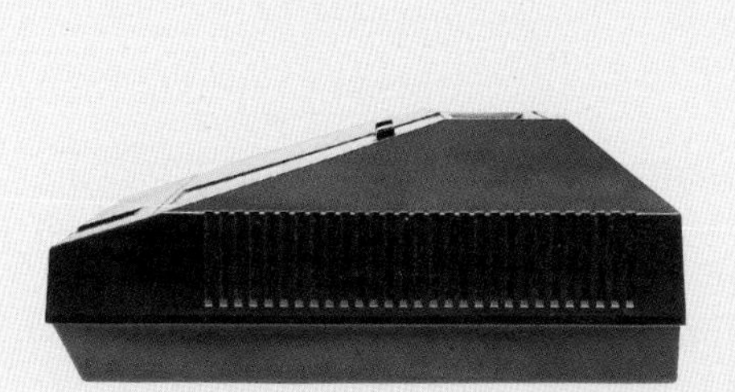

마그나복스MAGNAVOX ODYSSEY

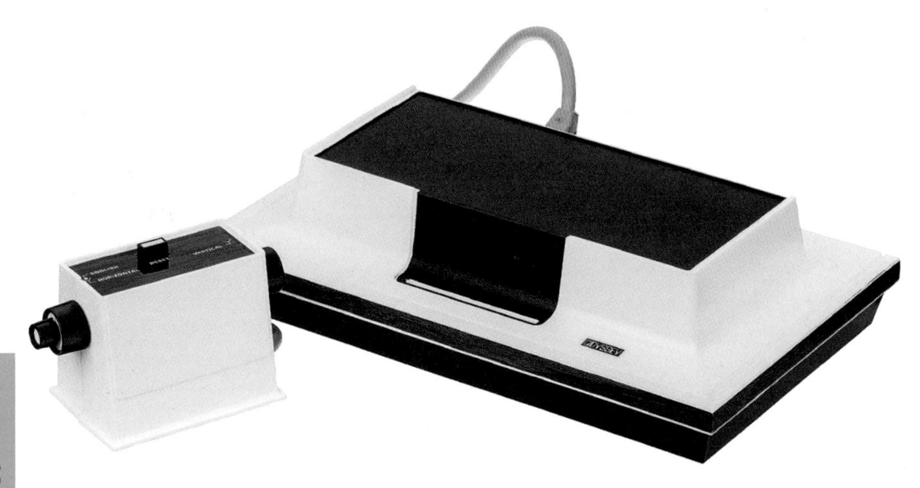

컴퓨터가 세상에 등장한 뒤로 몇 년이나 지났음에도 불구하고, 가정에서 컴퓨터로 게임을 즐길 수 없었습니다. 1972년에 마침내 마그나복스MAGNAVOX가 이 오디세이ODYSSEY를 출시하기 전까지는 말이죠.

오디세이는 랄프 버Ralph Baer, 빌 해리슨Bill Harrison, 그리고 빌 러쉬Bill Rusch가 개발했습니다. 그들의 일곱번째 시제품(통칭 "브라운 박스"로 알려진)이 마그나복스의 마케팅 부사장 게리 마틴Gerry Martin에게 깊은 인상을 남겨서, 곧바로 이 시제품을 양산형 소비자용 콘솔 기기로 제작했습니다.

오디세이와 같은 이런 초기 콘솔기계들은 종종 아날로그 머신이라고 불렸는데, 실제로 기기 내부는 마이크로프로세서를 기반으로 하지 않고 간단한 커스텀 논리 회로로 구성되어 있었습니다.

오디세이의 기본 구성은 음향 기능이 없는 상태에서 하나의 수직선과 함께, 검은 바탕에 흰색으로 표시된 세 개의 사각형 점들을 표시하게 되어있었습니다.

플레이어는 다이얼 형태 기반의 아날로그 컨트롤러를 사용하여 두 개의 점(발판)을 조작할 수 있었으며, 다른 점(공)의 경로는 소프트웨어와 플레이어 간의 상호작용에 의해 구동되었습니다. 이런 기본 구성이 바로 본질적으로 아케이드 게임 "퐁Pong"을 할 수 있는 최초의 가정용 콘솔 기기, 소위 '퐁 머신'이었던 것입니다.

또한 대부분의 텔레비전 화면에 맞도록 두 가지 크기로 설정할 수 있는 마일라Mylar제의

제품 정보

제조 업체 : 마그나복스 MAGNAVOX
CPU : N/A (개별 구성품)
출력 색상 : MONOCHROME(흑백)
RAM : N/A
출시일 : 1972년 9월
출시지역 : 북미
출시가격 : $100

텔레비전 오버레이 필터와 주변기기, 그리고 몇몇 창의적인 아이디어의 사용을 통해 1975년에 서비스가 중단되기까지 28개의 게임을 즐길 수 있었습니다.

많은 게임들이 간단히 기계의 논리 회로를 서로 바꾸어 연결하는 방식으로 콘솔과 호환되는 게임세트로 출시되었습니다. 하지만, 그렇지 않은 게임은 별도로 구매하여야 했습니다.
이런 게임들의 대부분은 단순히 새로운 스크린 오버레이와 소품들로 구성되어 있었고 원래의 게임카드 세트를 사용했습니다. 만약 운이 좋다면 25달러에 라이트 건(풀사이즈 소총과 닮은)을 살 수 있었는데, 이 라이트 건은 무려 4개의 게임에서 이용할 수 있었습니다.

하지만 이 콘솔을 가진 많은 소비자들은 이 제품이 제작사 마그나복스의 TV에서만 이용할 수 있다고 생각했기 때문에, 제품의 초기 판매량은 저조했습니다. 그러나 프랭크 시나트라Frank Sinatra가 등장한 광고 캠페인이 성공한 덕분에 판매량을 끌어 올렸고, 오디세이는 결국 1972년 말까지 130,000대 이상이 제작 및 판매되었습니다.

편집 주
여기서 말하는 '스크린 오버레이'란 개발사에서 붙인 명칭인데, 뭔가 거창해 보이지만 실제로는 TV 화면에 붙이는 일종의 색상 셀로판지였다. 이 셀로판지가 게임의 배경 역할을 했고, 당시 TV 브라운관 화면은 빛을 내보내는 조명 역할을 했다.

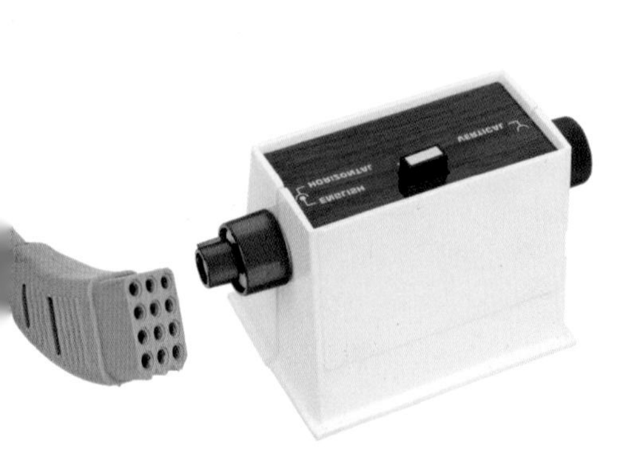

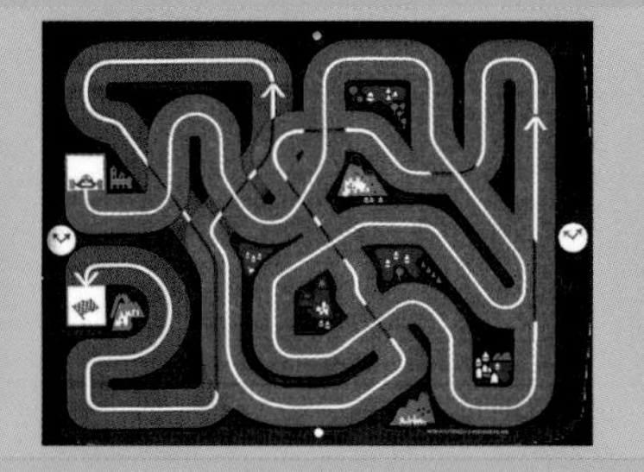

▶ 꼭 눈여겨 볼 게임 : 와이프아웃WIPEOUT
(The Magnavox Co., 1972)

이 단계에서는 하드웨어 성능의 한계를 끌어낸다는 개념은 통하지 않았습니다. 모든 오디세이 게임의 플레이는 매우 유사하며 그래픽은 같은 테마의 변형일 뿐입니다.

그러므로 저는 결국 주요한 차이점은 볼거리에 있다 생각하는데, 그런 점에서 "와이프아웃"은 단연 돋보이는 게임입니다. 가장 인상적인 점은 이 게임이 첫번째로 최초의 레이싱 시뮬레이션 형 비디오 게임이란 것입니다. 그리고 레이스 코스 모양을 한 스크린 오버레이는 레이싱 부분을 돋보이게 하며, 사실 보드게임과 크게 다를 바 없는 게임이지만 꽤 중독성 있게 게임을 즐기게 도와줍니다.

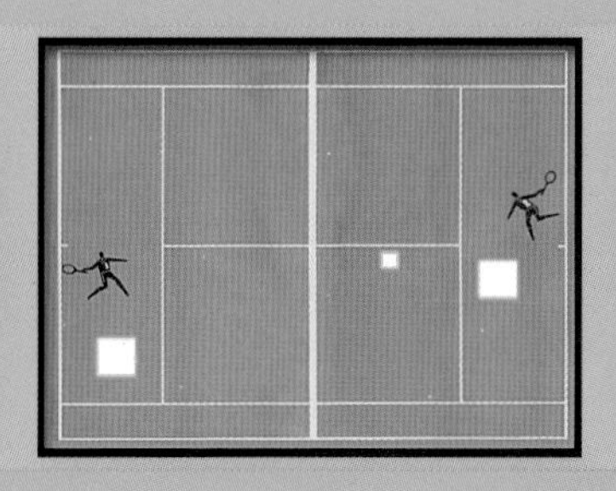

▶ 꼭 해봐야 할 게임 : 테니스TENNIS
(The Magnavox Co., 1972)

최초의 콘솔 1세대 게임에서 인기가 좋았던 게임은 누가 뭐라 해도 "퐁Pong"입니다. 그러나 아타리Atari가 "퐁"의 TV모니터 게임기를 출시하기 이전에, 오디세이가 먼저 출시되었고(아타리의 콘솔은 오디세이 이후 불과 몇 개월 후에 출시되었습니다.) 여기서는 간단하게 "테니스"로 나와서 이미 알려져 있었습니다.

이 게임은 누구라도 시간가는 줄 모르고 쉽게 즐길 가능성이 큽니다. 실제로 한 눈에 알 수 있는 매우 간단한 방식인 만큼 매우 강한 중독성이 생길 수 있습니다.

▶ 꼭 피해야 할 게임 : 스테이츠STATES
(The Magnavox Co., 1972)

사실 오디세이 용으로 각기 다른 28개의 게임을 만드는 것은 결코 쉽지 않았을 것입니다. 그렇다 해도 이 게임은 정말 너무합니다.

이 "스테이츠"는 단지 화면에서 무작위로 미국의 각 주(州)를 선택하는 정말 단순한 게임입니다(눈을 감은 채 컨트롤러를 빙빙 돌려서 주(州)를 선택해야합니다). 그런 다음 선택한 주(州)에 대한 카드를 꺼내 질문에 답하고 게임을 계속하는 방식입니다. 저는 이 게임이야 말로 첫 번째 "에듀테인먼트" 게임이라고 생각하지만, 이게 절대로 여러분의 관심을 끌 만한 재미는 없을 것 같습니다.

특히 여러분이 컨트롤러로 주(州)를 선택하는 도중 커서가 화면 밖으로 사라질 수도 있다는 걸 고려한다면 말이죠.

페어차일드FAIRCHILD VES (CHANNEL F)

마그나복스 오디세이는 그 뒤를 잇듯이 나온 "퐁"만을 플레이 할 수 있는 값싼 모조품 아류작 기기들이 등장하면서 판매량이 급감했습니다. 이런 여파로 초기 컨슈머 게임기 시장의 붕괴는 불가피했습니다. 이 상황을 타계하기 위해서는 보다 더 새로운 것이 필요했습니다.
이런 플레이어들의 변화 요구를 빨리 눈치챈 실리콘밸리의 페어차일드Fairchild 반도체에서 시스템적으로 크게 개선이 되었고, 다양한 색상은 물론 사운드 시스템까지 갖춘, 새로운 기기인 VES : 비디오 엔터테인먼트 시스템Video Entertainment System(이후 Fairchild channel F로 개명)을 발매하면서 시장에 뛰어들었습니다.
VES는 "퐁"과 유사한 변종 게임 두 가지가 자체 내장되어 있었지만, 그 외에도 ROM 카트리지를 기반으로 한 외부 프로그램 작동이 가능한 최초의 비디오 게임 시스템이란 데에 의미가 있었습니다. 그것을 바탕으로 시스템의 심장인 CPU와 함께 작동하도록 설계되어 소비자에게 많은 경험을 제공할 수 있었습니다. 초기 콘솔의 복잡한 방식을 개선하고자 제리 로슨Jerry Lawson은 페어차일드의 F8 프로세서를 기반으로 새로운 콘솔을 내놓았습니다.
8비트의 색상을 구현하며 128×64픽셀의 해상도로 웅장함을 선사했습니다. 그 외에도 프로그래밍 가능한 AI와, 컴퓨터 상대로 혼자서도 플레이할 수 있는 기능도 포함되어 있었습니다.

제품 정보

제조 업체 : 페어차일드 Fairchild Semiconductor
CPU: 페어차일드 Fairchild F8
출력 색상 : 8색
RAM: 64 bytes
출시일: 1976년 11월
출시지역: 북미
출시가격 : $169

또한 VES는 투박한 오디세이에는 없는 엄지손가락으로 360도 조작이 가능한 고유의 컨트롤러도 제공했습니다.

1978년 말에 지르콘 인터내셔널은 이 게임 시스템에 대한 권리를 매입했고, 이후에는 "Channel F system 2"라고 불리는 업데이트된 기기를 출시하였습니다. 이 개정판 기기는 영국에선 애드먼 그랜드스탠드Adman Grandstand로, 독일에선 사바 비디오플레이Saba Videoplay라는 다양한 이름으로 유럽 각지에서 라이선스 생산되었습니다.

Channel F system 2는 기술적으로는 전작과 거의 비슷했으나 텔레비전을 통해서 소리를 출력할 수 있었고, 전작과 다르게 분리가 가능해진 컨트롤러 거치를 위해 기기 뒤 쪽 내장 공간에 보관할 수 있게 디자인되었습니다.

원래의 VES도, 이 새로운 개정판 기기도 많은 판매량을 기록하지는 못했으나, 우리가 게임기라고 부르는 상품들에 대한 기초적 디자인 양식을 제시한 기념비적인 콘솔로 남게 되었습니다.

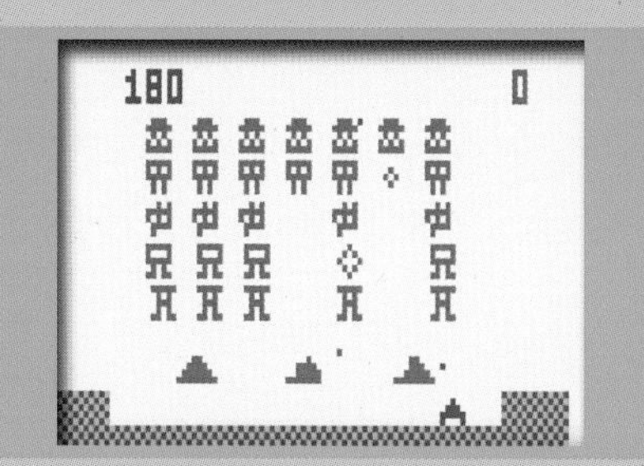

▶ **꼭 눈여겨 볼 게임 : 에일리언 인베이전**Alien Invasion
(Zircon, 1981)

흥미로운 점은 CHANNEL F의 게임 카트리지에는 모두 번호가 새겨져 있어 수집가들의 수집욕을 자극합니다. 일례로 마지막에 발매된 게임은 "에일리언 인베이전"인데, 해당 플랫폼에 발매된 마지막 카트리지이기 때문에 "비디오 카트 26"으로 표시됩니다.

이 게임은 시작부터 단순히 "스페이스 인베이더Space Invaders"를 카피한 것이라는 점은 누구나 바로 알 수 있습니다.

조작할 수 있는 기체는 하나만 있지만, 감사하게도 이 버전은 찌그러진 감자처럼 생기진 않았습니다. 또한 화면 위에서부터 내려오는 외계인 적들을 포함해 뛰어나게 표현된 폭발 효과 등의 당시로는 화려한 그래픽은 이 게임의 시각적 완성도를 높여 돋보이게 합니다. 또한 게임이 너무 어렵지 않고 적들은 일정한 속도로 움직일 뿐 아니라 "스페이스 인베이더"의 주요 요소들을 충실히 재현해 플레이어가 흥미롭게 즐길 수 있으며 만족할 만한 효과를 냅니다.

▶ **꼭 해봐야 할 게임 : 돗지 잇**Dodge It
(Fairchild, 1978)

Channel F의 게임들은 놀라울 정도로 플레이하기 쉽지만, 이 "돗지 잇"(비디오 카트 16)은 두 명의 플레이어가 함께 플레이할 수 있으며, 활기차고 정교하며 중독성 있는 게임 플레이를 선보여서 두각을 나타내고있습니다. 특이하게도 필드 안에서 움직이는 블록에 부딪히지 않도록 하는 것이 마치 "퐁"과는 반대가 됩니다.

플레이어가 맞을 때 마다, 무지개 색깔의 네모난 폭발이 스크린을 빛나게 하는데, 그 효과는 1978년 출시되었을 때 당시에는 꽤 인상적으로 보였을 것입니다.

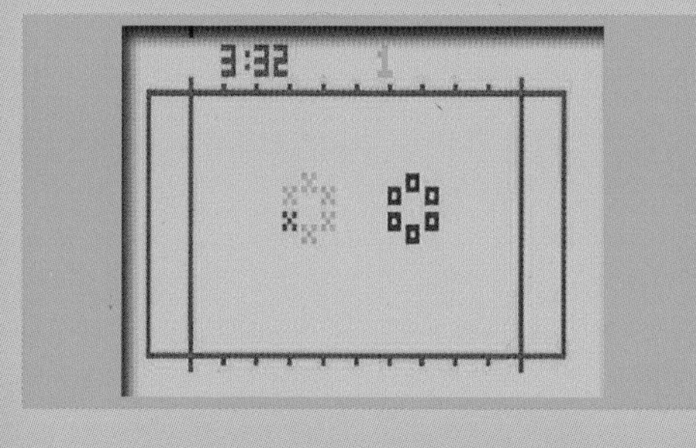

▶ **꼭 피해야 할 게임 : 프로 풋볼**PRO FOOTBALL
(Zircon, 1981)

CHANNEL F의 라이브러리에 있는 게임은 대체로 나쁘지 않아서 정말 재미 없는 게임이 많지는 않다고 알고 있습니다. 하지만 그 중에서도 정말로 하고 싶지 않은 게임이, 바로 비디오 카트 24라는 번호로 출시된 이 "프로 풋볼"입니다. 이 게임의 플레이는 느리고, 투박하며, 좌절감을 줍니다. 단 한 번의 패스를 성공하는 데에도 주변에서 축하할 만큼의 많은 노력이 필요할 겁니다. 막상 패스를 성공한 후에는 컨트롤러를 다시 잡지 않거나 다른 게임을 하고 싶어질 정도로 말이죠.

애플APPLE II

애플 I Apple I 의 후속기로 스티브 워즈니악 Steve Wozniak이 디자인한 애플 II Apple II 는 최초의 개인용 컴퓨터는 아니었을지도 모르지만, 아마도 게임용으로는 최초의 개인용 컴퓨터일 것입니다. 물론 이 애플 II 가 1977년 6월에 출시되었을 때에, 게이머들은 PC 구매층과는 거리가 매우 멀었습니다. 특히 엄청나게 비싼 가격표는 그 거리를 더욱 벌려놓았죠. 그러나 애플 II 는 기존에 일반적으로 컴퓨터와 관련된 비즈니스 업무를 하는 사용자보다 가정에서 취미로 즐기는 사람들을 겨냥한 소매 판매 기기였습니다.

애플 II 는 출시 후 바로 무지개색의 새 로고를 붙여 재생산되었는데, 그랬던 이유는 애플 II 는 당시로는 인상적인 최대 16색을 표시할 수 있었기 때문입니다(단, 원래 하드웨어적으로는 두 가지 회색 음영이 동일하지만 말이죠). 또한 외부 RF모듈레이터를 연결하여, 컴퓨터에서 텔레비전으로 직접 화상을 출력할 수 있게 되어 소비자가 값비싼 모니터를 따로 구매할 필요성을 없앴습니다.

그 핵심으로 모스 테크놀로지MOS Technology 개발의 6502 CPU와 표준 4KB의 RAM이 있었고, 이 선택은 생산성 및 엔터테인먼트 패키지를 모두 실행할 수 있을 만큼 충분한 용량과 스팩을 제공했습니다. 그리고 사운드 카드 등으로 확장되지 않은 사운드 기능은 초보적이며 단순한 알림 소리 수준의 beep음만을 제공하도록 설계되었지만, 소프트웨어를 통해 스피커를 조작하여 나름 합리적인 효과를 창출할 수 있었습니다.

제품 정보

제조업체 : 애플 Apple
CPU : 모스 테크놀로지 MOS Technology 6502
출력색상 : 초기 모델 8색, IIe 모델은 16색
RAM : 기본 4KB
출시일 : 1977년 6월
출시지역 : 북미
출시가격 : $1,298

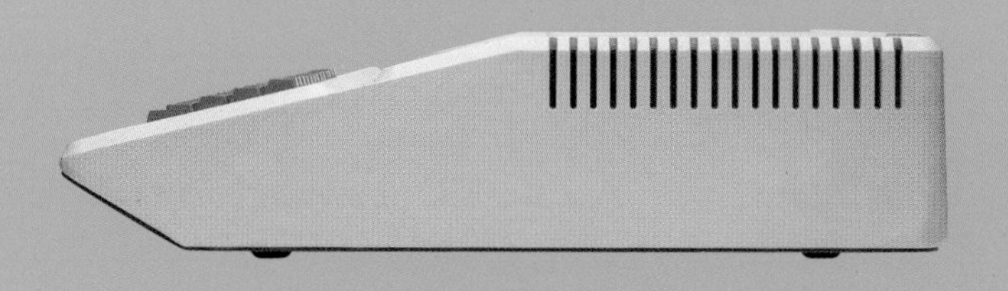

이 가정용 컴퓨터의 인기가 높아짐에 따라, 애플용으로 많은 게임들이 양산되어 쌓이게 되었습니다. 결과적으로 이로 인해 가정용 퍼스널 컴퓨터는 게임 전용 콘솔들의 상위 버전(그리고 고가인) 대처품으로 등장하게 되었습니다.

기존 ROM카트리지 기반의 게임기 콘솔과 달리 사용자가 게임이나 소프트웨어를 저장, 로드하기 위해 카세트 테이프 또는 플로피 디스크(Disk II 플로피 드라이브는 1978년에 출시됨) 중에서 선택할 수 있으며 사용자가 만든 데이터를 직접 선택한 동일한 장치에 저장할 수 있다는 추가적인 이점도 있었습니다.

이후 다양한 애플II 시리즈의 개량된 후속 모델이 제작되어 16년이라는 길고 인상적인 시간 동안 계속 생산, 판매가 되었습니다.

1993년말에 최종적으로 IIe 카드(매킨토시 컴퓨터에서 애플II의 프로그램을 구동하기 위한 확장 카드)가 생산 라인에서 출고될 때까지 약 600만대가 생산되었습니다.

▶ 꼭 눈여겨 볼 게임 : 페르시아의 왕자PRINCE OF PERSIA (Broderbund, 1989)

다양한 컴퓨터에서 최고의 표현을 보이며 최대 성능을 발휘하는 게임으로 알려진 이 게임은, 애플II의 수명이 끝나기 직전에 아주 늦게 나온 게임이지만, 동시에 모든 이식판이 등장하기 전의 첫 시작 플랫폼이었습니다. 다만, 이 게임을 향상된 최고 사양으로 제대로 즐기기 위해서는 후계 기종인 애플IIe가 필요했습니다.

무기도 없는 맨몸으로 시작한 주인공으로 플레이하는 당신의 임무는 탑에 갇혀 있는 술탄의 딸을 구하는 것입니다. 비록 60분의 시간제한이 있지만, 만약 여러분이 저처럼 애플II에서 실제로 구현되는 이 게임을 직접 보았더라면 놀라움을 금치 못하고 흥분을 추스르는데 시간을 쓰게될 것입니다. 이 게임은 실제의 움직임을 포착하여 등장인물들에게 부드러운 애니메이션 효과를 부여하는 로토스코핑 애니메이션 기법을 사용한 최초의 게임 중 하나였으니까요. 하지만 애플II의 사용자 수가 줄어든 탓인지 1990년 유럽과 일본에서 나온 뒤에야 관심을 얻으며 북미 시장에서 퍼졌습니다.

▶ 꼭 해봐야 할 게임 : 울티마IV 아바타의 길ULTIMA IV: QUEST OF THE AVATAR (Origin Systems, 1985)

만약 여러분이 그래픽이 뛰어난 게임을 찾고 있다면 이 게임은 별로 적합하지 않습니다. 만약 여러분이 직감적인 액션을 추구한다면 더더욱 할 만한 게임이 아닙니다. 하지만 만약 상상력을 필요로 하는 두뇌 자극형 게임을 플레이하길 원한다면, 이 게임은 반드시 꼭 해봐야만 하는 타이틀입니다.

이 롤플레잉 어드벤처에서 당신의 임무는 8가지 미덕을 획득하고, 백성을 이끌어갈 궁극적인 지혜를 얻는 것입니다.

이름에서 알 수 있듯이 이것은 울티마 시리즈의 4번째 모험이며, 모든 면에서 최고의 게임입니다.

▶ 꼭 피해야 할 게임 : 바운싱 카문가즈BOUNCING KAMUNGAS (Penguin Software, 1983)

상당히 특이하고 희한한 제목이지만, 뭐 이 경우에는 나쁘지 않은 제목입니다. 펭귄 소프트웨어의 토마스 베클룬드Thomas Becklund가 개발한 이 게임에 대해 저는… 솔직히 뭐라고 말해야 될지 잘 모르겠습니다….

여러분은 화면 가운데에 서서 작은 생명체들이 가까이 접근하지 못하게 공격해야 합니다. 가끔 번개가 치는 것 말고도 좀 놀랍거나 뭔가 즐길 만한 다른 것들이 있었으면 좋겠지만, 만약 그런 내용이 있었으면 꼭 피해야 할 게임으로 선정되지 않았을 것입니다.

탠디TANDY TRS-80

분명 애플이 출시한 가정용 컴퓨터는 새로운 시장을 개척한 것이었습니다. 그리고 그 사실은 탠디Tandy Corporation사가 애플 II 의 소매가 절반 가격으로 새로운 하드웨어를 설계해서 생산하게 만들었습니다(24페이지 참고). 대중시장 및 탠디의 TRS(TRS는 실제로 Tandy RadioShack을 의미함) 유통망을 통해 구할 수 있는 이 컴퓨터는 북미 지역의 많은 가정 소비자들을 위한 최초의 홈 컴퓨터였습니다.

이 TRS-80은 풀 스트로크 방식의 QWERTY 키보드와 가로로 64자가 표시되는 모니터 뿐만이 아니라, 꽤 괜찮은 성능의 반도체 스타트업 기업 자일로그Zilog의 첫 제품인 Z80 CPU가 있었습니다. 이 새로운 칩에는 4KB의 RAM이 결합되어 있었는데 이것은 오늘날의 표준으로는 적은 양이지만 1977년에 생산된 제품으로서는 훌륭하였습니다. 그리고 이 기종의 ROM에 레벨 시리즈로 불리는 괜찮은 버전의 BASIC언어를 포함되어 있었기 때문에 많은 수의 코더 지망생들을 낳았습니다.

모니터 한 대를 포함한 599달러짜리의 이 본격적인 초기 컴퓨터는 1970년대 후반에 많은 구매자들을 유혹하였습니다. 1979년까지 TRS-80은 가정용 컴퓨터 시장에서 가장 많은 소프트웨어를 보유했는데, 기기 자체가 애플 II 보다도 훨씬 많이 팔렸습니다.

제품 정보

제조업체 : 탠디 Tandy Corporation
CPU : 자일로그 Zilog Z80
출력색상 : Monochrome(흑백)
RAM : 4KB ~ 48KB
출시일 : 1977년 8월
출시지역 : 북미
출시가격 : $599(모니터 포함)

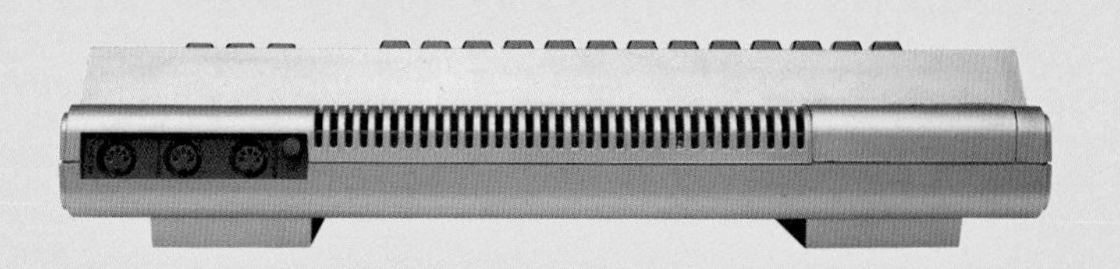

가정 시장 진입

많은 중소기업, 학교, 가정용 컴퓨터 시장에 이 컴퓨터를 판매하기 위하여 탠디 TRS-80은 카드 게임 블랙 잭BlackJack과 보드 게임 백개먼 Backgammon(*편집 주)을 함께 포함시켰으며, 수많은 비즈니스 및 교육 프로그램을 초기에 제공하였습니다. 많은 것을 아우른 이 초기 컴퓨터는 앞으로 수년 동안 컴퓨터 시장의 주역이 될 것이 분명했고, 이 시기에서부터 게임 사업이 계속해서 크게 성장할 것 또한 분명했습니다.

다만 이 초기형 컴퓨터에 대해서 많은 팬과 비평가들이 지나친 비용 절감 설계 관련으로 찬반 논쟁을 하고 있었습니다. 한편 이러한 이유로 TRS-80은 당시부터 일부층 에게는 애정어린 표현이자 조롱이 섞인 의미로 "Trash-80"(쓰레기80)이라는 별명을 얻기도 했습니다.

편집 주
백개먼: 기원전 3000여년 전부터 존재해온 추상 전략 보드 게임.

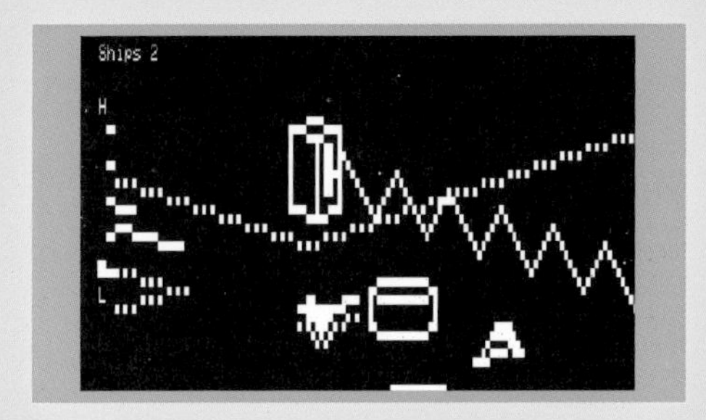

▶ 꼭 눈여겨 볼 게임 : 잭슨ZAXXON
(COGiTO, 1983)

TRS-80은 게임을 염두에 두고 설계된 것이 아니었기 때문에, 개발자들은 자신의 루틴 안에서 최대한의 창의력을 발휘해야 했으며, 사용자는 다음에 일어날 상황에 대하여 상상력을 더해 준비해야했습니다. 그러나 그런 점들을 염두에 두고도 "Trash-80"에서 "잭슨"의 연출은 매우 인상적이였습니다.

물론 모든 것이 뭉툭하고 엉성하게 생겼지만 그것은 하드웨어의 그래픽 사양 한계 때문이었습니다. 요점은 정확히 무슨 일이 일어나고 있는지 볼 수 있고 완벽하게 플레이 할 수 있다는 겁니다. 화면은 엄청나게 빠른 속도로 스크롤되는데, 사실 이 세가 클래식 게임의 이식 중에서 제가 가장 좋아하는 버전 중 하나이기도 합니다.

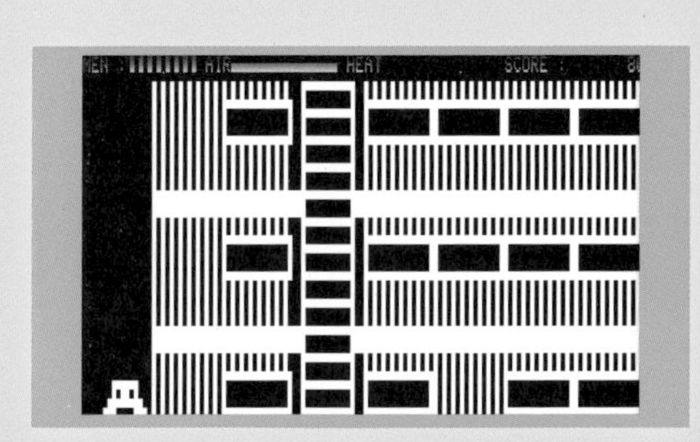

▶ 꼭 해봐야 할 게임 : 볼케이노 헌터VOLCANO HUNTER
(LAP Video, 1984)

이 게임의 매뉴얼에는 다음과 같이 쓰여있습니다.

"자신의 인생에서 가장 위대한 모험을 준비하라. 사다리를 내려와 도시의 귀중한 연료 공급을 강탈한 무서운 드루츠의 금지된 영역으로 들어가라."

이 위대한 모험에서 당신의 임무는 연료를 회수하고, 괴물을 해치우고, 위험한 선반, 용암, 컨베이어 벨트 등을 탐색하는 것입니다.

이 게임의 가장 큰 장점은 그 규모입니다. 게임의 배경이 되는 지역의 지도는 그 당시로서는 실로 인상적으로 거대했으며, 이것은 정말로 이 작은 하드웨어에 꽉 들어찬 놀라운 플랫폼 게임이었습니다.

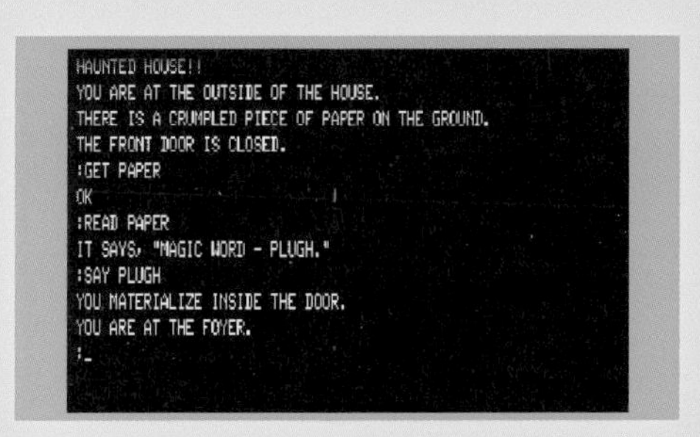

▶ 꼭 피해야 할 게임 : 헌티드 하우스HAUNTED HOUSE
(Tandy Corporation, 1979)

이 "헌티드 하우스"는 초창기의 텍스트 어드벤쳐 게임입니다. RAM이 4KB 밖에 안되는 컴퓨터에 텍스트 어드벤처를 채워 넣는 것이 어렵다는 점에서는 인정하지만, 그렇다고 이 게임이 딱히 재미있다고는 할 수 없습니다.

여러분은 집 밖에서 바닥에 구겨진 종이를 깔고 시작합니다. 이 초기 단계에서 우리는 필요한 지시사항을 입력하는 것이 문제라는 것을 알게 됩니다. 매뉴얼은 "GET PAPER"와 같은 기본 명령을 안내하는 데 도움이 되지만, 진행 속도가 느립니다. 그런 다음에는 집의 위층과 아래층을 오갈 때 계속 로딩하는 것을 보게 된다면 계속해서 진행과 재미가 끊어지게 됩니다.

아타리ATARI VCS (아타리ATARI 2600)

페어차일드의 VES가 게임기에 중요한 특징적 기능들을 많이 도입하였다면, 아타리Atari의 VCSVideo Computer System(1982년 Atari 2600으로 개정됨. 84페이지 참조)에서는 그렇게 도입된 특징들이 단순한 유행 이상의 것으로 자리잡게 만들었습니다.

사실 아타리는 1972년부터 오락실 사업에 뛰어들었기에, 게임은 전혀 새로운 도전이 아니었습니다. 그리고, 1973년에 아타리는 차세대 비디오 게임 시스템을 연구하던 곳인 시안 엔지니어링Cyan Engineering이라는 싱크탱크(think-tank: 연구소)를 매입하였습니다. 이 VCS는 여기서 나온 연구의 산물이었고, 결국 1977년 9월 11일에 발표되었습니다. VCS는 발매 후 채 1년도 안 돼서 과거 VES의 판매량을 빠르게 추월하였습니다.

VCS에 탑재된 모스 테크놀로지MOS Technology의 6507 CPU는 128byte의 RAM과 커스텀 사운드 및 디스플레이 칩과 함께 조화를 이루어 홈 게이밍을 즐기고자 하는 소비자의 관심을 집중시켰습니다.

제품 정보

제조업체 : 아타리 Atari Inc.
CPU : 모스 테크놀로지 MOS Technology 6507
출력 색상 : 128색
RAM : 128 bytes
출시일 : 1977년 9월
출시지역 : 북미
출시가격 : $199

아타리의 게임 카트리지들은 각각 128가지의 색상(NTSC 지역 한정, PAL의 경우 104개) 덕분에 각기 확연히 다른 게임을 제공했습니다.
아타리는 이 새로운 게임기의 매력을 극대화하기 위하여, 오락실과 같은 조이스틱도 함께 제공하여 이전의 지나치게 투박하고 단순한 느낌을 버리고, 사실 상의 진정한 가정용 게임기를 만들어냈습니다.
이러한 이유로 많은 사람들이 아타리 2600이 가정형 비디오 게임의 탄생을 일으켰다고 생각하고 있으며, 그래서 역사상 가장 성공한 콘솔이라고 인정하고 있습니다.

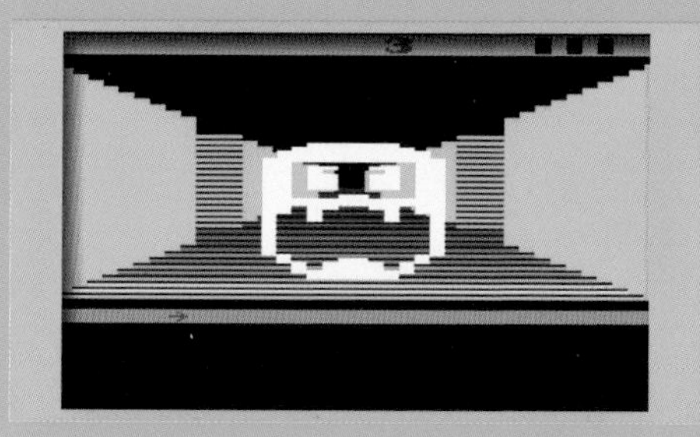

▶ 꼭 눈여겨 볼 게임 : 터널 러너TUNNEL RUNNER (CBS Electronics, 1983)

1983년에 출시된 이 1인칭 미로 게임은 당시로는 정말로 완벽한 성능 최적화 능력을 자랑했습니다.

이 시기에는 1인칭 게임은 드물고 처리조차 어려웠습니다. 하지만 이 게임은 미로의 탐색이 매우 명확하고 빨랐을 뿐만 아니라 심지어 재미까지 있었습니다!

그리고 이 게임은 RAM Plus칩을 통합한 몇 안 되는 게임 중 하나로, 추가로 256바이트를 제공하였습니다.

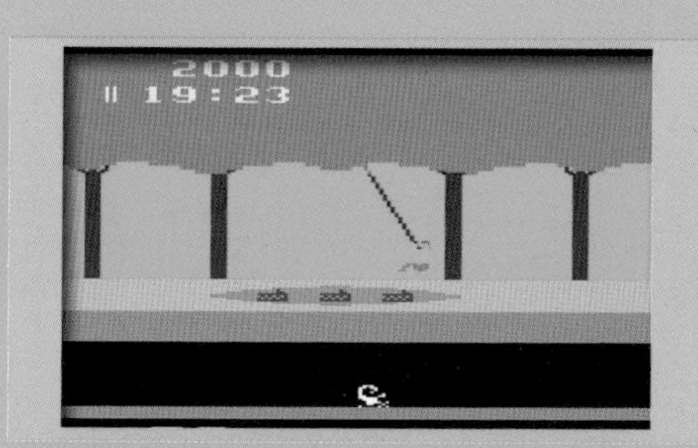

▶ 꼭 해봐야 할 게임 : 핏폴! PITFALL! (Activision, 1982)

아타리 2600이라면 떠오르는 게임, 이라고 말하면 바로 십중팔구 「핏폴!」일 것입니다.

주인공 핏폴 해리Pitfall Harry가 각종 함정을 피해 넘어가는 모습은 게임의 제목과 일맥상통하며, 이 하드웨어를 상징할 만한 이유가 될만한 재미를 보장합니다.

또한 이 플랫포머 게임은 시스템의 다양한 색상 팔레트 표현을 보여주며 유사(流沙: 흐르는 모래), 통나무, 악어, 방울뱀 등 다양한 위험 요소와 장애물을 제공합니다.

편집 주

한국에서 제믹스와 MSX로 나온 "양배추인형"으로 알려진 게임의 원형이 바로 이 「핏폴!」이다.

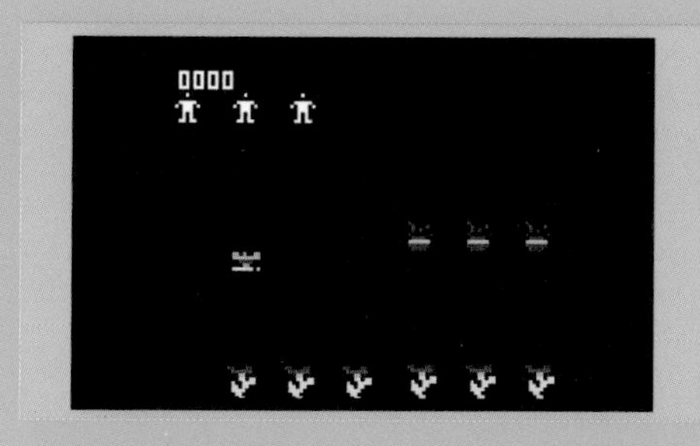

▶ 꼭 피해야 할 게임 : 파이어 플라이FIRE FLY (Mythicon, 1983)

많은 사람들은 최악의 게임이라고 하면 게임 자체가 너무 구려서, 팔리지 않은 재고품을 뉴 멕시코의 한 쓰레기 매립지에 파묻어버렸던 「E.T.」를 떠올릴 것입니다. 하지만 아타리 2600의 성공에도 불구하고 「E.T.」 못지 않은 실패작이 있는데, 그게 바로 이 「파이어 플라이」입니다.

만약 여러 분이 귀에서 피가 날듯이 시끄러운 파리 소리를 참을 수 있어도 단순히 게임성의 부족 만으로 게임을 꺼버릴 것입니다. "파이어 플라이"는 화면에 나타나는 적들을 물리치는 게임이지만, 여러분도 저도 그 누구도 그런 내용의 게임이라고 알아채기가 어렵기 때문이지요.

마텔MATTEL INTELLIVISON

마텔MATTEL은 이 시점에서 이미 수십 년 동안 장난감을 만들어온 회사였으며 아타리의 성공을 목격한 후, 신중한 자세로 비디오 게임 시류에 편승해야 할 필요가 있다고 느끼고 있었습니다.
마텔의 인텔리비전INTELLIVISON은 1980년까지는 북미 전국 시장에 출시되지 않았지만, 1979년 캘리포니아 프레즈노에서 APH Technological Consulting가 개발한 "ABPA 백개먼ABPA Backgammon", "아머 배틀Armor Battle", "일렉트릭 컴퍼니: 매쓰 펀The Electric Company: Math Fun", "라스 베가스 포커&블랙잭Las Vegas Poker & Blackjack"이라는 4가지 게임으로 테스트를 진행하였습니다.

이 테스트는 성공적으로 마무리되었으며, 그리하여 1980년에 "지능형 텔레비전Intelligent Tellevison"을 줄여 '인텔리비전'이라는 이름을 단 콘솔로 출시하여, 1년 후 영국에 상륙했으며 1982년에는 나머지 유럽 국가들에도 상륙해 발매되었습니다.
인텔리비전은 제네럴 인스트루먼트General Instrument의 CP1610라는 16비트 프로세서의 ,16비트 데이터 및 어드레스 버스address bus를 통해 구동되어, 이 제품은 최초의 16비트 콘솔이 되었습니다(결국은 그래픽 표현 기술에 있어서 "비트"수가 전부가 아님을 증명했습니다).
또한 인텔리비전은 16가지 색상을 출력할 수 있었고 아타리 2600 이상의 5채널 사운드를 사용할 수가 있었습니다(32페이지 참조).
그리고 타일 기반 플레이필드를 활용, CPU의 부담을 덜어주고 최소한의 RAM 만을 사용한 것은 아주 현명한 선택이였다고 생각합니다.
인텔리비전의 컨트롤러는 특징으로 오버레이

제품 정보

제조 업체 : 마텔 Mattel Electronics
CPU : 제네럴 인스트루먼트General Instrument CP1610
출력 색상 : 16색
RAM : 1,456bytes
출시일 : 1979년 11월 (테스트 제품 출시)
출시지역 : 북미
출시가격 : $299

옵션이 있는 숫자 패드와 함께 제공되는, 엄지 손가락으로 방향을 제어할 수 있는 플랫 디스크형 입력기가 부착되어 있습니다.

인텔리비전은 아타리 2600과 마찬가지로 1990년에 단종되었고 출시 기간 동안 133개의 카트리지 게임을 선보였습니다.

온라인 게임?

이 인텔리비전은 놀랍게도 1981년에 표준 텔레비전 신호와 함께 실행되는 북미 케이블 TV 시스템인 플레이케이블Playcable을 통해 게임을 다운로드해서 플레이할 수 있는 최초의 게임기가 되었습니다. 하지만 당시 65만 가구 중 3%만이 가입하여 예상 가입자 100만 명에는 미치지 못했습니다.

▶ 꼭 눈여겨 볼 게임 : Q버트Q*BERT
(Parker Brothers, 1983)

만약 이 하드웨어 구입자가 아케이드 게임을 추구한다면, 이 “Q버트”는 하드웨어의 한계를 고려할 때 여러분이 즐길 수 있는 최상의 게임입니다. 게임이 끝날 때마다 기계를 재설정해야 하는 치명적인 결함이 있었지만, 그것 말고는 별다른 문제가 없었고 가장 중요한 것은 아케이드 게임과 매우 흡사하다는 것입니다. 또한 매우 인상적인 오디오도 포함하고 있습니다. 일부에서는 컨트롤러가 게임과 잘 어울리지 않는다는 비판도 있지만, 트집잡기일 뿐이라고 생각합니다. 익숙해지면 괜찮습니다.

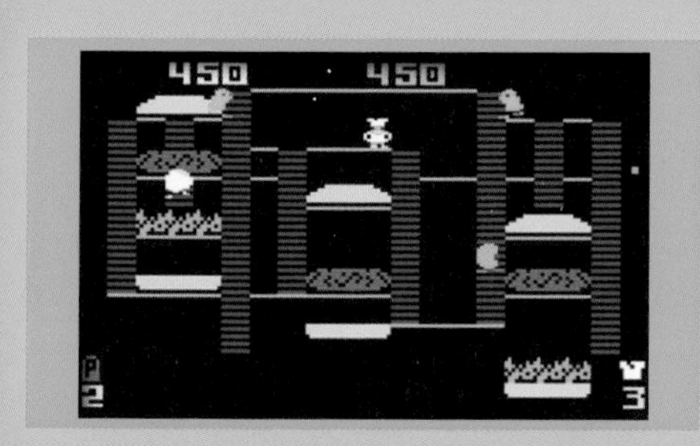

▶ 꼭 해봐야 할 게임 : 버거타임BURGERTIME
(Mattel Electronics, 1983)

1980년대 초반에 오락실을 자주 가본 사람이라면, 누구나 이 게임에 익숙할 것입니다. 데이타 이스트DATA EAST에서 DECO 카세트 시스템 기판 용으로 제작했고 미주 지역에선 밸리 미드웨이Bally Midway에서 발매했으며, 당시 이름은 “햄버거HAMBURGER”였습니다.

요리사 피터 페퍼를 조작하는 당신의 임무는 주방에 있을 법한 음식 재료들인 적들을 물리치면서, 햄버거 재료를 가로질러 걸어가며 햄버거를 완성하는 것입니다. 이 시대의 아케이드 이식작은 가정용 대부분에서는 제약이 많았지만, 이 인텔리비전 이식판은 매우 아케이드에 가깝고 오랫동안 즐길 수 있게 해줄 것입니다. 어쩌면 진짜 “버거타임”에 가까울 수도 있습니다.

▶ 꼭 피해야 할 게임 : 프로그 보그FROG BOG
(Mattel Electronics, 1982)

사실 이 게임은 본래 아타리 2600의 게임이었지만, 어떻게 인텔리비전 카트리지로 이식되어 넘어올 수 있었습니다. 1~2명의 플레이어가 플레이할 수 있으며, 여러분은 수련 잎 위에 앉아있는 개구리를 조종할 수 있습니다. 게임의 목표는 단순히 뛰고 파리를 잡아먹는 것입니다. 단순하지만 게임의 진행도를 알 수가 없으며 실제로 딱히 다른 포인트도 점수 계산도 없었습니다.

비디오 게임에서 재미를 느끼는 것 외에 다른 평가점이 없다고 주장할 수는 있지만, 사실 바로 여기에서 문제가 발생합니다. 이 게임에는 재미가 심각하게 부족하고, 서리 내린 겨울 밤의 반갑지 않은 추위처럼 떠도는 지리함이 당신을 휩쓸 것입니다.

아타리ATARI 400/800

아타리는 이 시기에 홈 게이밍 시장을 지배하고 있었을지 모르지만, TRS-80과 같은 (28페이지 참조) 제품들은 시장의 틈새에서 작은 가능성을 보았고 그 달콤하디 달콤한 파이 한 조각을 원했습니다.

이때 제이 마이너Jay Miner라는 이름의 한 신사가 1977년에 출시된 아타리 2600을 위한 커스텀 디스플레이 칩을 만들었습니다. 그 프로젝트가 끝난 후 제이 마이너는 아타리의 첫 8비트 가정용 컴퓨터에 들어갈 알파뉴메릭 텔레비전 인터페이스 컨트롤러(ANTIC)와 컬러텔레비전 인터페이스 어댑터(CTIA)라고 불리는 좀 더 발전된 칩 한 쌍을 만드는 작업에 착수했습니다.

결국 1979년 1월에 발표되어 그 해가 끝나기 전에 출시된 아타리 400은 기본 4KB의 RAM을 갖고 있는 반면, 아타리 800은 8KB의 RAM을 탑재하는 것으로 구상되었습니다. 그러나, 기술이 매우 빠르게 발전함에 따라 각 시스템에 기본 8KB의 RAM을 넣는 것이 비용적으로 효율적이라고 판단되었습니다. 이후에는 아타리 800은 16KB가 표준이고, 48KB가 옵션으로 가능하게 되었습니다.

아타리 800에 쓰인 풀 스트로크 키보드와 더블 카트리지 슬롯과 달리, 아타리 400은 멤브레인 키보드와 싱글 카트리지 슬롯이

제품 정보

제조 업체 : 아타리 Atari Inc.
CPU : 모스 테크놀로지 MOS 6502B
색상 : 256색
RAM : 8~48KB
출시일 : 1979년 11월
출시 지역 : 북미
보급가격 : $549(아타리400) / $999(아타리 800)

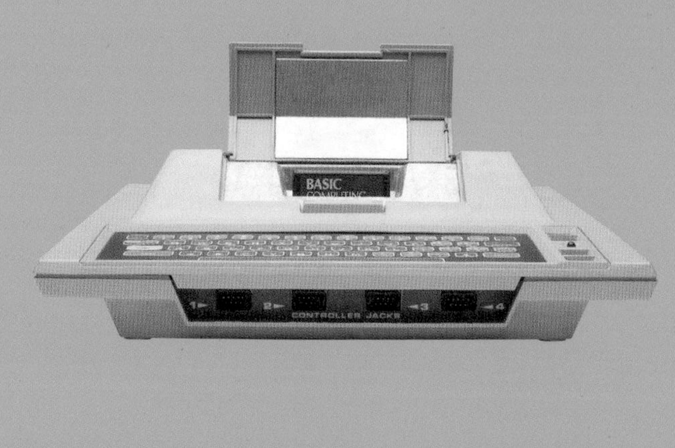

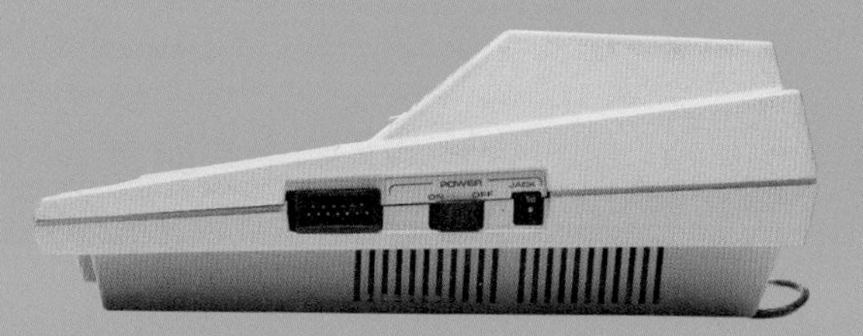

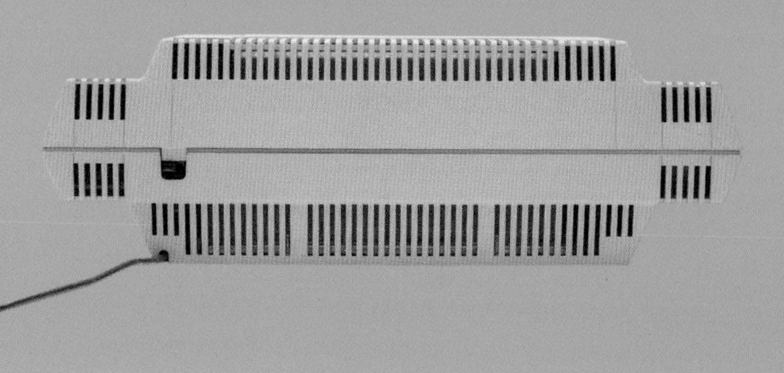

특징이었습니다.
해서 아타리 400은 형제격인 아타리 800에 비해선 언뜻 장난감처럼 보이지만, 결국 두 제품 모두 진지한 업무용이라기보다는 게임용 컴퓨터라는 인상을 심어주었습니다.

모스MOS사의 6502B CPU와 결합된 커스텀 디스플레이 칩은, 이 기계들이 당시로는 시각 측면에서 매우 인상적이었고, 교육적 용도를 제공하면서 자녀를 즐겁게 해줄 무언가를 원하는 가족의 관심을 끌었습니다.
경쟁사 탠디의 TRS-80기종과 마찬가지로 북미는 400/800 듀오에게 가장 큰 시장이 될 것이었지만, 가격에 더욱 민감한 유럽의 소비자에게는 550 달러의 가격은 여전히 매우 높게 느껴졌습니다.
비록 이 가격은 TRS-80과 같은 수준이었지만 선명한 컬러 화면의 비주얼과 아타리의 명성은 성공의 보증수표였습니다.

이 8비트 라인의 기기는 꾸준히 업그레이드가 이루어져 무려 13년동안 판매되었고, 이로 인해 단종되기 전까지 무려 400만대 이상이 판매되었습니다.

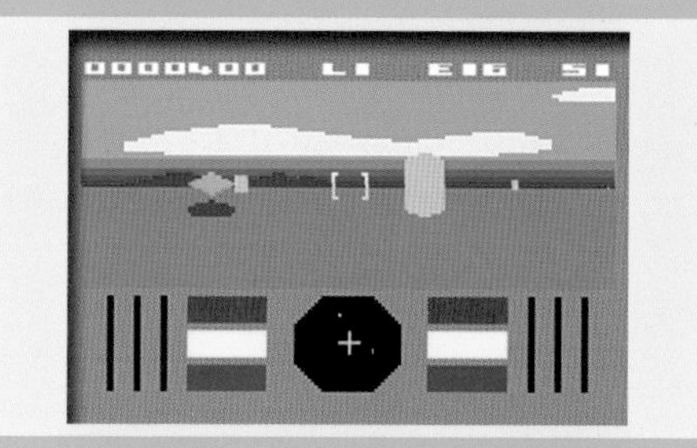

▶ 꼭 눈여겨 볼 게임 : 인카운터ENCOUNTER
(Novagen Software, 1983)

아타리 VCS가 여전히 고공행진 하고 있을 때 이 게임이 나왔다는 것을 여러분은 인식해야 합니다. 그러나 이 「인카운터」를 한 번 보면 이 8비트 라인이 실제로 얼마나 발전했는지를 바로 알 수 있습니다.

우주선을 타서 낯설고 새로운 세계를 돌아다니다 보면, 당신을 향해 날아가는 수많은 물체에 눈이 부시게 됩니다.

스프라이트 스케일링은 솔직히 슈퍼 패미컴의 초기 모드7의 화면처럼 느껴질 정도이며(144페이지 참조), 1983년 수준으로는 실로 놀랍습니다.

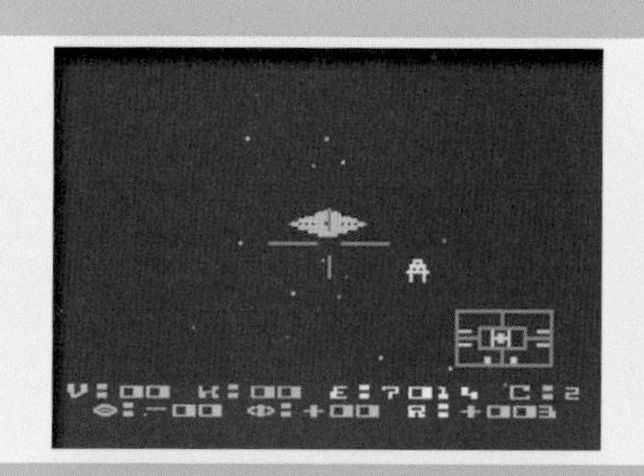

▶ 꼭 해봐야 할 게임 : 스타 레이더스STAR RAIDERS
(Atari, 1979)

무려 1979년에 드넓은 우주를 자유롭게 비행할 수 있다고 상상해보십시요. 만약 여러분이 아폴로 11호의 첫 달착륙을 보고 자랐고, 영화관에서 "스타 워즈STAR WARS"를 봤다면 이 「스타 레이더스」가 출시 당시에 얼마나 전설적이었는지 알게 될 것입니다.

더그 노이바우어Doug Neubauer가 제작한 이 게임은 여러분을 조종석에 앉혀 파도처럼 밀려오는 적 ZYLONS들에게 맞서게 합니다. 여러분을 돕기 위해 장거리 스캐너가 있고, 다양한 시점 변경을 이용해 적들을 찾아 공중전을 주도하여, 적을 무자비하게 제거할 수도 있습니다.

이런 유형의 유사 3D 게임에서 최초 중 하나인 이 게임은, 실제로 또 다른 전설급 게임 "엘리트"(63페이지 참조)의 모티브가 되는 게임이기 때문에 꼭 해봐야할 게임입니다.

▶ 꼭 피해야 할 게임 : 콩고 봉고CONGO BONGO
(Sega, 1983)

이 게임은 "동키 콩DONKEY KONG"에 대한 세가SEGA의 답으로 보이는 세가 스타일의 동키 콩 게임이며, 입체감 있는 3D 모습을 통해 게임을 플레이하는 의도로 제작되었으나, 실제로 잘 구현되지는 않았습니다. 겉보기에는 나름 괜찮아 보이지만, 게임 플레이가 형편없었습니다.

고릴라까지 도달하는 것은 매우 어려울 뿐만 아니라 고통스러울 정도로 진행이 느리고, 충돌 판정(*편집 주)이 완전 무작위로 작동하는 것처럼 느껴질 정도로 버그나 다른 문제가 많았습니다. 작은 원숭이가 벼랑 위나 다리 난간을 뛰어다니지만, 바닥과 같은 색이기 때문에 거의 알아볼 수 없습니다. 정말 말 그대로 적들이 보이지 않게 되기 때문에 이 게임의 첫 인상을 나쁘게 만들고 결국 전체적 이미지는 더 안 좋게 됩니다.

편집 주

*충돌 판정 : 게임을 구성하는 다양한 물체(주인공, 적, 총알, 장애물 등)들이 주어진 조건에 따라 충돌했을 경우, 이를 감지하고 필요한 처리를 해주는 알고리즘과 해당 처리를 말함.

싱클레어SINCLAIR ZX80 / 81

영국 전역에서 가정용 컴퓨터의 이미지는 여전히 기업, 학교, 부유한 가정의 전유물이라는 것은 여전했습니다. 이런 이미지를 깨부수고 영국 소비자들의 마음과 지갑을 사로잡은 것은, 독창성을 무기로 내세우며 등장한 클라이브 싱클레어Clive Sinclair의 ZX80입니다. 물론 가격도 완벽하게 합리적인 수준(100파운드 미만)으로 맞추어 제작되었습니다.

주로 미국에서 수입된 다른 컴퓨터들은 보통 수백 파운드에도 팔렸지만 영국의 소비자들은 여전히 컴퓨터의 필요성을 느끼지 못하고 있었습니다. 싱클레어의 특별함은 ZX80에 내장된 "스스로 학습하는 베이직Teach yourself BASIC"(당시 BASIC은 주로 단순작업을 위해 컴퓨터 ROM에 기본 내장된 프로그래밍 언어였습니다)과 함께, 초보자도 컴퓨터를 쉽게 사용할 수 있는 저렴한 제품을 제공했다는 점이었습니다.

이 싱클레어 ZX80은 조립 키트 형태, 또는 조립된 기성품으로 제공되었기에, 이전에 본 다른 컴퓨터들과는 전혀 달랐습니다.
크기도 작고 RAM이 1KB에 불과했으며, Z80A CPU가 입출력 작업을 모두 맡아 구동하였기 때문에 유저가 '키를 누를 때마다' 디스플레이가 깜박거렸습니다. 하지만 그런 작은 단점은 전혀 문제가 되지 않았습니다. 싱클레어는 당시에 100파운드도 안 되는 가격에 컴퓨터를 접하게 해주었고 매우 잘 팔렸습니다.

제품 정보

제조 업체 : 싱클레어 연구소Science of Cambridge/Sinclair Research
CPU : 자일로그 Zilog Z80A
출력 색상 : Monochrome(흑백)
RAM : 1KB (16KB로 확장 가능)
출시일 : 1980년 1월
출시지역 : 영국
출시가격 : £99.95(조립 키트형 제품의 경우 £79.99)

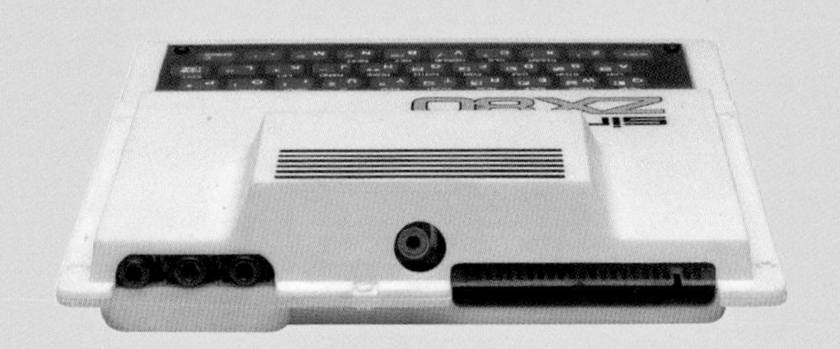

계승자

ZX80의 성공으로 1년 후 당연히 이 기기의 개선 모델인 ZX81이 출시될 수 있었습니다. ZX81은 키보드를 누르면 화면이 깜빡이는 키보드 플리커링 현상이란 단점을 수정하고 검은색 외장으로 리파인되었으며, 가격을 좀더 낮춰 조립된 완제품은 69.95파운드에, 조립식 키트 형태의 제품은 그보다 저렴한 49.95파운드로 판매되었습니다. 실제 이것은 싱클레어의 미래를 결정짓는 탁월한 선택이였으며, 이 선택 덕분에 무려 200만대 가까이 팔렸습니다! 그리고 수천 명의 코더와 게이머가 탄생할 수 있는 길을 열었습니다.

극히 제한된 1KB의 RAM은 대부분의 게임, 작업에서 16KB RAM팩 확장 업그레이드가 필요함을 의미했습니다. 하지만 이 확장 업그레이드 팩은 RAM팩 상단 부분이 너무 무거워서 엣지형 연결 단자에서 너무나 쉽게 분리되는 불량 문제가 있었는데, 막상 공식 서비스센터에서는 무려 "블루택blu-tack(실제로 1971년부터 시판되었던 청색 퍼티 형태의 접착제 상품)을 이용하여 고정하세요"라는 답변을 남겨 전설적이었지요. 다만 저는 그 답변에 대해서 불평하지 않았습니다. 정말로 효과가 있었거든요!

▶ 꼭 눈여겨볼 게임 : 3D 몬스터 메이즈3D MONSTER MAZE (J.K. Greye Software, 1982)

이 게임은 말컴 에반스Malcolm Evans에 의해 개발되었으며, 플레이하려면 16KB 메모리 확장 업그레이드 RAM팩이 필요했던 이 게임은 프로그래밍의 놀라운 업적이었습니다.

에반스는 블록 그래픽의 캐릭터를 사용하여 3D로 구성된 미로 환경과, 미로 안에서 당신을 쫓아갈 적절한 적 캐릭터로 T-REX라는 몬스터를 만들어 냈습니다. 각 라운드의 맵은 무작위로 생성되며, 플레이어가 움직이기 시작하면 T-REX가 여러분을 추격합니다.

저는 1982년에 이 게임을 하는게 어떤 느낌이었을까 상상만 할 뿐입니다. 이런 류의 게임은 그 전 시대에는 본 적도 없었을 것이기 때문입니다. 각 단계에서 한 걸음 걸을 때마다 점수가 매겨지지만, 여러분은 사실 그보다는 어디서 튀어나올지 모르는 T-REX를 걱정하기 바쁠 것입니다. T-REX가 여러분을 발견하면 화면에 문자 경고가 표시되며, 여러분은 도망치거나 아니면 얌전히 결과를 받아들이는 수밖에 없습니다.

▶ 꼭 해봐야 할 게임 : 1K ZX체스1K ZX CHESS (Sinclair, 1982)

이 게임은 단 672byte의 RAM에 맞추어진 체스 게임입니다. 다시 말하겠습니다. 이것은 단 672byte의 RAM에 맞추어진 체스 게임입니다. 이것은 ASCII코드 672자의 문자로만 작성된 체스 게임이라고 말하는 것입니다.

뭐 이 게임의 AI가 뛰어나지 않은 것은 사실입니다. 하지만 그럼에도 불구하고 여전히 플레이하기 좋은 체스 게임이며, AI가 저를 여러 번 이겼다고 해도 조금도 부끄럽지 않습니다.

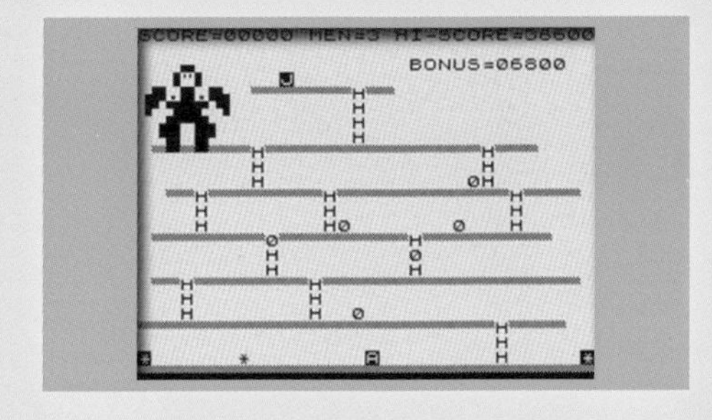

▶ 꼭 피해야 할 게임 : 크레이지 콩CRAZY KONG (C.P. Cullen, 1981)

여러분은 이 게임이 적어도 "동키 콩"의 아류작 중에서는 나쁜 의미로라도 그나마 해볼만 하다는 걸 바로 알 수 있을 것입니다. 따라서 대부분의 ZX80 게임들과 마찬가지로 게임 플레이 만이 평가대상이 됩니다. 문제는 컨트롤이 너무 특이하게 배치되어 있어서, 아이러니하게도 ZX80용 게임이지만 정작 ZX80의 키보드로는 플레이하는 것이 거의 불가능하다는 데에 있습니다.

그리고 원본과 어렴풋이 비슷한 듯한 익숙해 보이는 1단계를 지나면, 이후로는 거의 알아볼 수 없는 화면이 나오게 됩니다. 기기의 성능을 고려하지 않은 불공평한 평가일지도 모르지만, 아무리 즐기려고 노력해보더라도 당시 1981년에도 이 게임이 재미있었을 것이라고는 상상할 수 없었습니다.

탠디TANDY
TRS-80 COLOR COMPUTER

보기에는 탠디의 이전 모델과 똑같은 이름이라고 생각할 수도 있지만(28페이지 참조), 이름은 단지 브랜드 인지도를 높이기 위한 선택이었습니다. 이 TRS-80 컬러 컴퓨터는 기존 TRS-80과는 완전히 다른 야수 같은 녀석이었으며, 과거 모델과는 전혀 호환되지 않았습니다.
뒤의 '컬러 컴퓨터'를 줄인 애칭인 'CoCo(코코)'로 잘 알려진 이 제품은 RadioShack(미국의 전자제품 유통업체)을 통해 판매가 399달러에 판매되었으며, 처음부터 게임을 염두에 둔 모델이었습니다.

이 'CoCo'는 기존 TRS-80에서 쓰인 자일로그Zilog의 Z80 프로세서 대신에, 모토로라Motorola 6809E를 기반으로 제작되었습니다. 이 제품은 분명히 성능 자체는 괜찮았지만, 경쟁 제품들에 사용되는 MOS및 자일로그 칩보다 가격이 높았습니다. 본래 비즈니스용 비디오텍스Videotex 단말기로 제작을 시작했던 CoCo는, 조이스틱 포트와 직렬 I/O 및 확장 커넥터를 추가하여, 이전 모델과 유사한 케이스 디자인을 중심으로 제작되었습니다.
이전 TRS-80 및 VIC-20(52페이지 참조)와 달리, CoCo는 대부분의 텔레비전과 연결할 수 있는 RF 변조기를 내장하여 대부분의 가정에 있는 텔레비전과 손쉽게 연결할 수 있었습니다.

또한, CoCo는 그 마이크로소프트Microsoft의 BASIC을 기본 운영체제와 프로그래밍 언어로 선택했으며, 기본 4KB에서 최대 32KB까지 메모리를 확장할 수 있었습니다. 그리고,

제품 정보

제조 업체 : 탠디 Tandy Corporation
CPU : 모토로라 Motorola 6809E
출력 색상 : 9색
RAM : 4~32KB
출시일 : 1980년 7월
출시지역 : 북미
출시가격 : $399

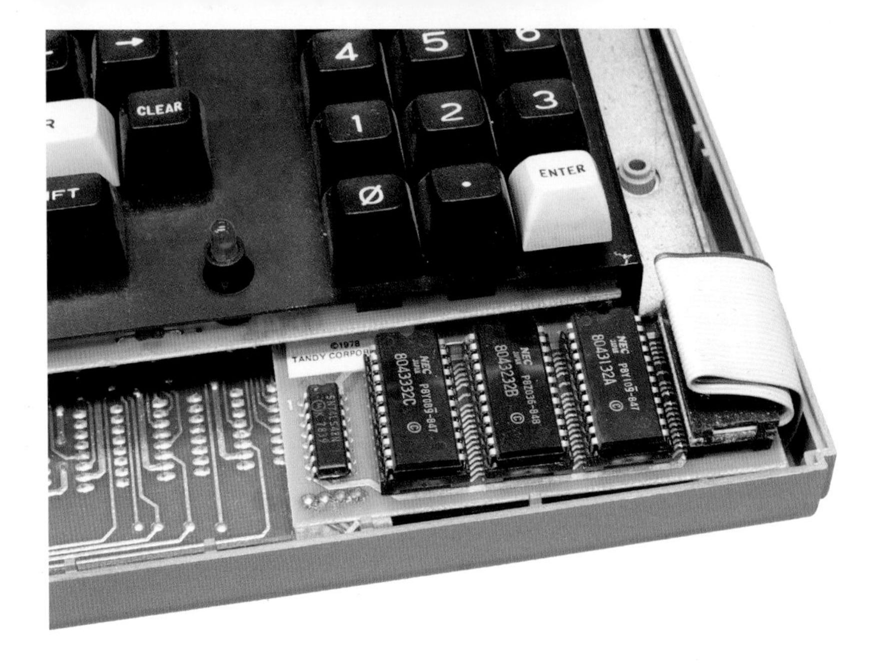

CoCo의 MC6847 디스플레이 칩은 9가지의 색상으로 256×192 픽셀의 해상도를 표시할 수 있었습니다.
결국 TRS-80 컬러 컴퓨터(애칭 'CoCo')는 당대 최고의 인기를 누리지는 않았지만, 가격과 성능을 절충하여 충성도 높은 사용자층을 구축했습니다

이 'CoCo'의 성공은 두 가지 후속제품을 낳았습니다. 우선 첫번째는 1983년의 Color Computer 2로 버그의 수정과, RAM 용량 증가 및 업그레이드된 ROMS를 제공했으며, 마지막은 1986년의 Color Computer 3로, 128KB(최대 512KB까지 확장 가능), 새로운 그래픽 모드와 모니터 출력 및 일부 키보드 수정이 적용되었습니다. 그리고 두 후속 제품 기기 모두, 기존 컬러 컴퓨터와 호환이 가능하였습니다.

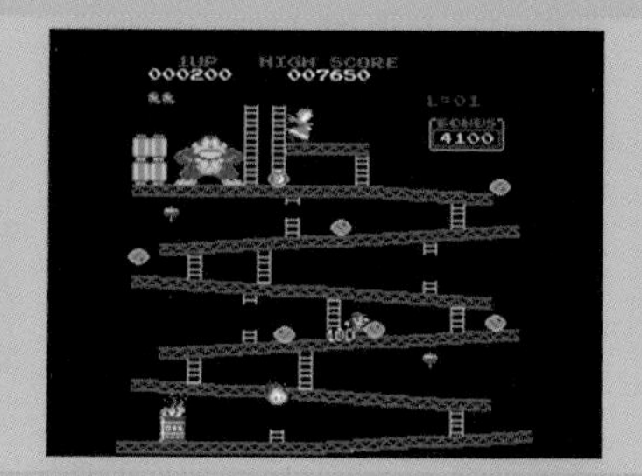

▶ 꼭 눈여겨 볼 게임 : 동키 콩DONKEY KONG
(Tom Mix Software, 1982)

이 기종의 동키 콩은 'COCO'가 아타리 VCS같은 경쟁자보다 얼마나 더 발전된 기계인지를 확실히 보여주는 게임이었습니다. 비록 아케이드 버전과 유사해도 정식 라이선스 허가를 받은 게임은 아니지만 말이죠.

크리스 래덤Chris Lathem은 이 게임의 코드를 만드는 데에 몇 주 밖에 걸리지 않았다고 하며, 그는 이후로도 CoCo에서 최고의 게임을 계속 만들었습니다. 여담이지만 이 게임은 나중에 비허가 라이선스 문제로 인해서 "동키 킹Donkey King"으로 개명되었다는 것에도 주목할 필요가 있습니다.

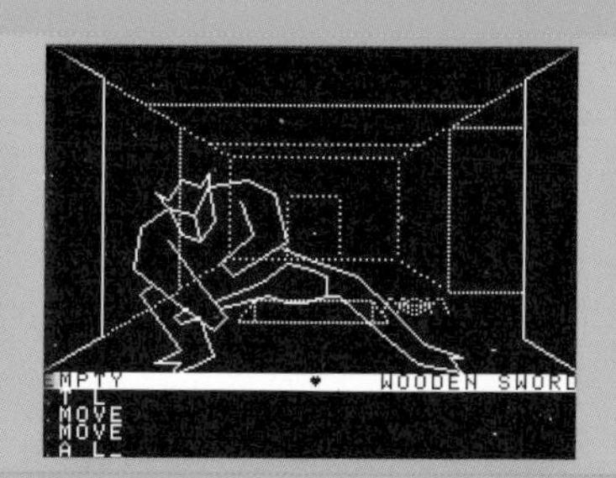

▶ 꼭 해봐야 할 게임 : 던전 오브 다고라스 DUNGEONS OF DAGGORATH
(Tandy, 1982)

이 게임은 당시 CoCo에서 가장 인기 있던 게임 중 하나로, RadioShack에서 판매되었으며, 플레이하기 위해 16KB 확장 RAM이 필요하였습니다. 아마도 1980년대 10대 초반이었던 플레이어들의 상상력을 자극시킨 것이 인기 요인이 아닐까요?

이 게임에서 여러분의 임무는 지하 5층 정도 되는 던젼을 탐험하는 것입니다. 유사 3D의 와이어 프레임 환경 안에서 중세 풍의 적들을 물리치고 진행에 필요한 아이템을 수집해야 하지요. 여러분은 다양한 명령을 입력할 수 있는데 동작은 실시간으로 적용되었습니다.

혹시 영국의 TV쇼 '나이트메어(Knightmare)'를 기억하는 사람은 위험한 상황에 나타나는 심장 박동 소리에 익숙하실 텐데, 그런 특징적 요소가 바로 여기에서 나온 것일 지도 모릅니다. 심장이 너무 빨리 뛰면 기절하며 한계 이상의 공포를 느낀다면 플레이어는 사망할 것입니다. 오늘날에도 많은 사람들이 이 게임의 자극 방식에 대해 갑론을박을 벌이지만, 저는 사람들마다 느끼는 방식이 달라서 그런 것이라 생각하니까 논쟁에선 빠지고 싶습니다.

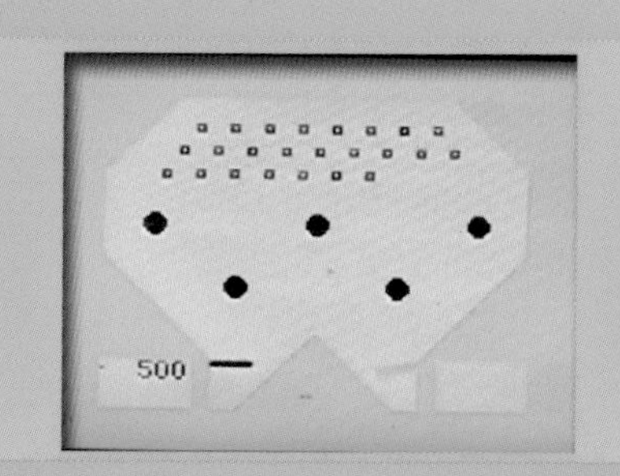

▶ 꼭 피해야 할 게임 : 핀볼PINBALL
(Tandy, 1980)

어떻게 '핀볼'을 '잘못' 만들 수 있을까요? 제 말은 애초에 그냥 할 수 있다 없다 여부가 아닙니다. 그래요, 애시당초 망칠 수는 있습니다.

일단 이것은 애시당초 "핀볼"이 아닙니다. 구슬을 튕기는 플리퍼 대신에, 벽돌깨기 게임 스타일의 패들을 이용해 '핀볼'을 해 본 적이 있습니까? 덤으로 이 게임의 물리학은 달의 저중력 공간처럼 느껴지지만, 심지어 그것도 끊임없이 멋대로 변화하여 플레이어들을 열 받게 합니다.

플리퍼와 물리학은 '핀볼'이란 놀이에 있어서 가장 필수적인 두 가지 요소인데, 이 "핀볼"게임에서는 둘 다 완전히 잘못되었습니다. 부디 이 짐짝에 대해 더 이상 이야기를 꺼내지말아 주십시오.

코모도어COMMODORE VIC-20

영국의 성인과 청소년들이 ZX80을 열심히 만지는 동안(44p 참조)에, 미국 코모도어사는 당시의 북미 시장에서 새로운 저가형 마이크로 컴퓨터를 출시할 준비를 하고 있었습니다. 그러나 여러가지 이유로 인해서 북미 시장이 아닌 타국 시장에서 먼저 출시되었습니다. 그 시장은 일본이었고 이름은 VIC-1001로 출시되었습니다.

코모도어의 창립자인 잭 트러멜Jack Tramiel은 일본의 새로운 컴퓨터 제품들의 잠재적 위협에 대해 걱정했고, 더욱 저렴한 컴퓨터가 필요하다고 생각했습니다. 사실 코모도어는 3년 전에 부피가 큰 Commodore PET(Personal Electronic Transactor)를 출시했지만 미국 국내 시장에서의 보급은 생각보다 부진하였습니다. 따라서 이 새로운 제품에 대한 프로젝트는 VIC-1001을 만든 코모도어의 일본 지사에 넘겨졌는데, 미국에서 출시하기 전에 일본 시장에서 약간의 기반을 확보하려는 이유에서였습니다. 이 VIC-1001은 비록 일본 시장에서 성공을 거두지는 못했지만, 1980년 여름 출시 당시 미국 소비자들의 관심은 확실히 휘어잡았습니다.

VIC-1001의 가격은 299.95달러에 불과해서 비디오 게임기들과 거의 같은 위치에서 경쟁을 하고 있었고, 심지어 아타리의 DE-9 조이스틱 포트를 통합하여 게임기의 장점을 집어넣었습니다. 그래서 VIC-20은 게임기와

제품 정보

제조 업체 : 코모도어 Commodore International
CPU : 모스 테크놀로지 MOS 6502
출력 색상 : 16색
RAM : 5~32KB
출시일 : 1980/81년 1월
출시지역 : 일본/북미
출시가격 : $299.95

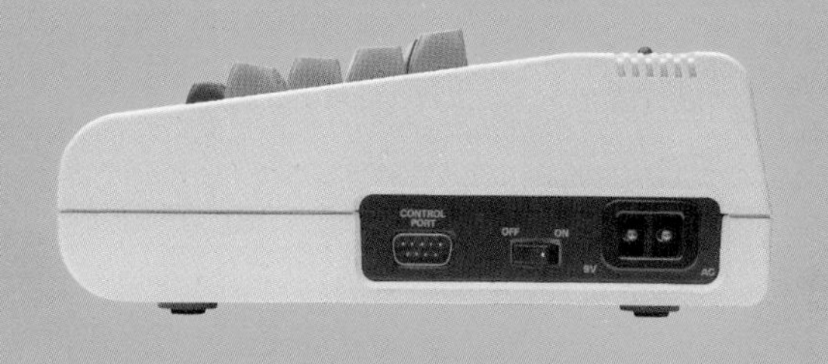

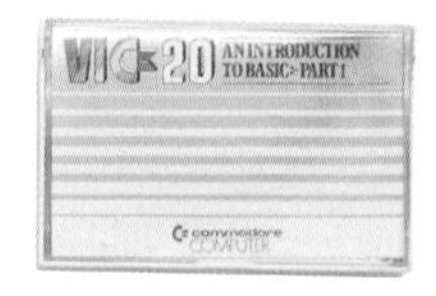

컴퓨터의 장점을 모두 갖고 있었습니다. 견고하게 설계된 키보드는 내장된 코모도어 BASIC과 아무런 문제 없이 상호작용을 하게 했고 5KB의 RAM은 화려한 게임을 하기에 충분한 메모리를 제공했습니다. 이 게임들의 메인 로딩 장치는 후면 슬롯에 있는 카세트와 카트리지였습니다.

흥미롭게도 VIC의 이름은 Video Interface Chip(비디오 인터페이스 칩)의 앞글자만 따와서 명명되었습니다. 또한 22개의 열에 8×8픽셀 문자를 23줄씩 제공했는데 이 문자는 비록 획기적이지는 않지만 16색 팔레트와 결합되어 인상적인 타이틀을 제공했습니다. VIC-20의 사운드는 3개의 구형파 발생기와 1개의 화이트 노이즈 발생기를 제공하였습니다. 말로는 어렵다고 생각할지 모르지만 그냥 여러분이 상상하는 옛날 컴퓨터의 소리였습니다.

이 모든 것이 좋았지만 여러분들도 알다시피 가장 중요한 것은 바로 가격이었습니다. 좀 더 저렴한 VIC-20은 세계적으로 판매가 되었지만, 주로 영국 내에서 엄청난 수가 팔린 ZX80/81 시리즈와 달리, 실제로 VIC-20은 북미에서 주로 판매되었습니다. 낮은 가격은 미국 시장에서 최초로 100만대 이상 판매한 컴퓨터가 된 이유기도 합니다.

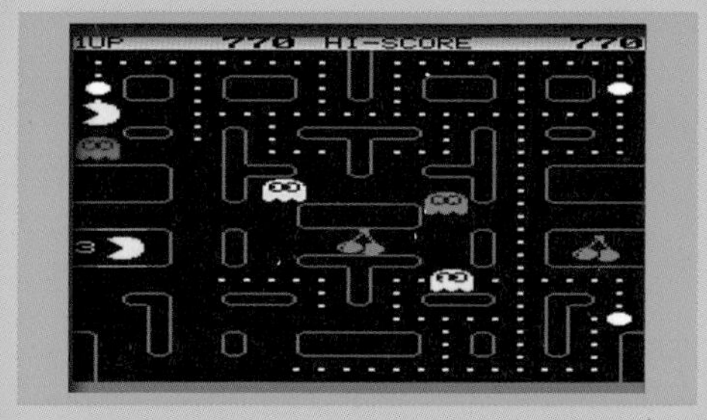

▶ 꼭 눈여겨 볼 게임 : 젤리 몬스터즈JELLY MONSTERS (Commodore, 1981)

저는 이 목록에서 최고의 복제 게임과 최악의 복제 게임을 하나씩 선택했습니다. 그 중 최고의 복제게임은 이 "젤리 몬스터즈" 입니다. 유명한 "팩맨Pac-Man"의 복제판인데, 아타리에서 출시한 공식 버전보다 솔직히 훨씬 낫습니다.

음향 효과는 완벽하고 색상도 잘 구현되었으며, 약간의 화면 깜빡임이 있지만 플레이하는데 크게 지장이 없어서 "젤리 몬스터즈"가 복제판이 아니라고 느껴질 정도로 잘 만들어진 경우였습니다.

▶ 꼭 해봐야 할 게임 : 소드 오브 파골SWORD OF FARGOAL (Epyx, 1982)

게이머들은 1980년대 초반에 많은 롤플레잉 던전 게임을 경험했으며 그 중 "소드 오브 파골"을 통해 VIC-20으로 즐길 수 있는 최고 수준의 게임을 보게 되었습니다.

머리 위에서 내려다 보는 톱 뷰 시점으로 플레이하며, 제목 대로 전설적인 검을 얻기 위한 퀘스트를 수행하게 됩니다. 안개로 덮인 어두운 길을 가다 보면 괴물들과 동굴 거주자들을 마주칠 것입니다. 다양한 무기와 주문을 사용하며 게임을 진행하다 보면 어느새 새벽 3시가 되어있고 자신이 저녁을 걸렀다는 것을 알게 될 것입니다.

이 게임은 C64(코모도어 64)에서도 즐길 수 있으며, VIC-20 버전과는 색이 조금 차이가 나는 것을 제외하고는 크게 다르지 않습니다.

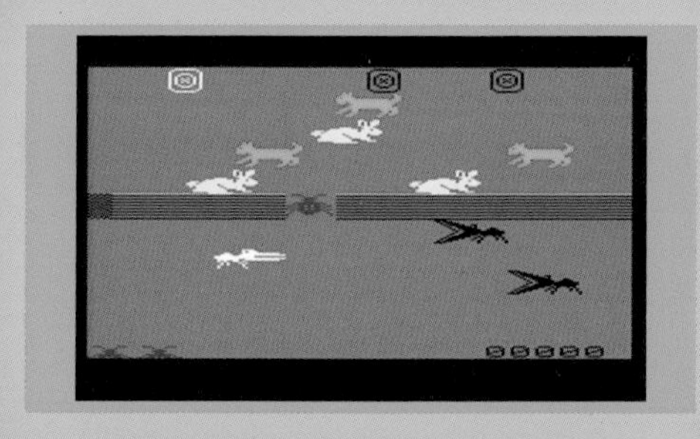

▶ 꼭 피해야 할 게임 : 메나제리MENAGERIE (Commodore, 1982)

이 책을 읽으실 여러분들은 아마 "프로거Frogger"를 알고 있으실 것입니다. 도로 한쪽에서 반대 쪽으로 개구리를 이동시키는 게임 말이죠. 음…, 이것 또한 "프로거"과 비슷한 유사 모방 게임입니다. 단지 개구리가 아닌 '벼룩'으로 플레이할 뿐이죠. 움직이는 동물들을 지나 길을 건너서 반대편에 도달하면 구역이 변경되므로, 동물들을 단지 피하기보다는 동물들의 피를 빨고 동물들이 사라지기 전에 그 사이를 뛰어다녀야 합니다. 아마 개발자들이 "프로거"과는 다른 차이점이 필요하다 생각하여 이렇게 만든 것 같습니다.

어쨌든 VIC는 당시 최고 사양의 게임기는 아니지만 이보다는 더 부드럽게 움직일 수 있었을 것입니다. 눈으로 보기에도 화면이 엉망진창처럼 보이며 게임 방식은 이미 검증된 컨셉이 있음에도, 여기에서는 매우 느리고 짜증나게 설계되어 있습니다.

텍사스 인스트루먼트TEXAS INSTRUMENTS TI-99/4A

텍사스 인스트루먼트는 1930년에 설립되어, 1967년부터 계산기 같은 전자 기기를 만들어 왔습니다.

1974년에 텍사스 인스트루먼트는 마이크로 컨트롤러 집적회로의 TMS1000 제품군을 선보였기 때문에, 1981년 이전에도 컴퓨터 시장에서 텍사스 인스트루먼트의 존재를 이미 많이들 알고 있었을 것입니다. 사실 레트로기기 매니아라면 다들 알다시피, 1979년 10월 텍사스 인스트루먼트 TI-99/4를 $1,150에 출시했기 때문입니다. 그러나 TI-99/4는 상대적으로 비싼 가격, 고무 치클렛 키보드(*편집 주), 영어 대문자만 사용가능한 문자 세트 때문에 인기를 끌지 못했습니다. 그래서 1981년 6월 텍사스 인스트루먼트는 TI-99/4의 개선 업그레이드를 진행하였으며, 업그레이드된 버전의 이름은 뒤에 A를 추가하여 TI-99/4A가 되었습니다. TI-99/4A는 $525에 판매되었으며 풀 트래블 키보드, 소문자 문자 세트를 특징으로 내세웠습니다.

분명히 개선된 TI-99/4A가 훨씬 더 인기가 많았지만, TMS9900 CPU를 비롯한 대부분의 내부 부품을 그대로 유지했기에 1979년에 출시된 TI-99/4가 최초의 16비트 가정용 컴퓨터가 되었습니다.

또한 모듈 식 확장 시스템을 갖추고 있어 다양한 주변 기기를 꽂아 데이지 체인(daisy chain) 방식으로 묶을 수 있는 등 뛰어난 확장성을 자랑했습니다.

*편집 주

치클렛 키보드: 둥근 모서리의 사각형 키보드. 네모 반듯한 모양의 치클렛 껌(chiclet gum)과 비슷한 모양에서 유래했다.

풀 트래블 키보드: 키보드의 키를 눌렀을 때 들어가는 깊이가 4mm를 만족하는 키보드를 풀 트래블 키보드라고 한다.

데이지 체인: 체인을 연결하듯 여러 장치들을 연결시키는 기술을 가리킨다. 데이지꽃을 엮어서 화환을 만드는 것에서 유래.

제품 정보

제조 업체 : 텍사스 인스트루먼트 Texas Instruments
CPU : 텍사스 인스트루먼트 TI TMS9900
색상 : 16색
RAM : 16KB VRAM + 256 bytes
출시일 : 1981년 6월
출시 지역 : 북미
보급가격 : $525

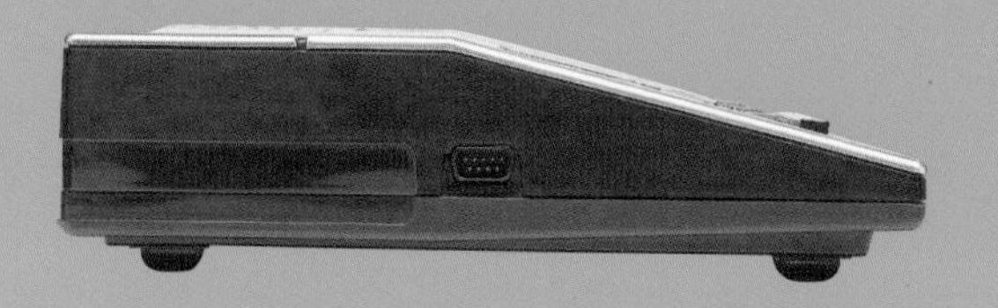

그런 주변기기 중 하나가 바로 음성 합성 모듈이었는데, 이것은 당시의 공상 과학 영화에서 나오던 것 중 '말하는 컴퓨터' 기믹의 목소리를 따라 해보고 싶은 소비자들의 관심을 끌었습니다. 이러한 주변기기들로 인해 다양한 비디오 게임들이 관련 모듈을 도입하였고, 그 중에도 터미널 에뮬레이터 II Terminal Emulator II 카트리지의 텍스트 음성 변환 기능은 충성도 높은 사용자들 사이에서 높은 인기를 끌었습니다.

텍사스 인스트루먼트는 서드 파티에 의한 게임 개발을 억제하고 있었지만, TI-99/4A에 뛰어든 여러 개발자들에 의해 무려 100여개가 넘는 다양한 게임이 만들어졌습니다. 사실 다른 제조업체들이 선호하는 게임 루트가 아닌 교육용 소프트웨어를 중점으로 홍보하는 것을 선택했음에도 결국 이렇게 되었습니다. 이로 인해 판매량이 감소하였음에도 동시기 1982년에 가장 인기있던 코모도어의 VIC-20(52페이지 참조)와 가격 경쟁을 벌일 정도의 추진력이 될만한 인기를 끌었습니다. 하지만 결국 코모도어의 아성을 뛰어넘지는 못한 채 기기 판매에 의한 영업 손실이 누적되어, 결국 1984년 3월에 단종되었습니다.

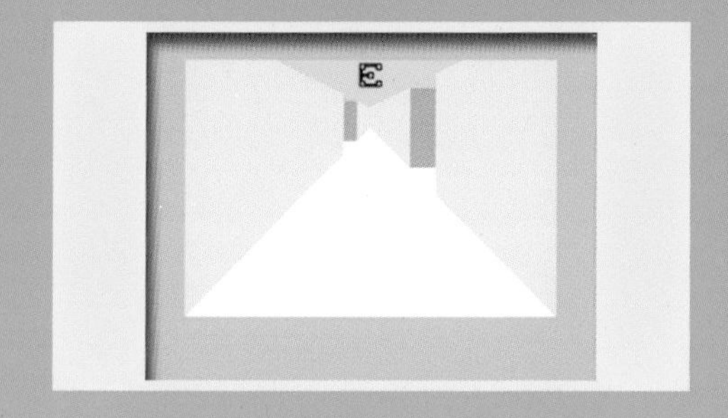

▶ 꼭 눈여겨 볼 게임 : 터널스 오브 둠TUNNELS OF DOOM
(Texas Instruments, 1982)

저한테는 이 게임이 "둠DOOM"의 초기 버전과 많이 닮아 보였기 때문에, 이 게임이 제목에 "둠DOOM"이라는 단어를 포함하고 있는 우연이 재미있다고 생각합니다. 뭐, 실제로 이 게임은 1인칭 시점으로 전개되며 여러분은 미로를 탐험하는 도중에 격파해야 할 적들을 만나게 될 것입니다.

다만 전투 시에는 위에서 내려다 보는 탑다운Top-down 방식 시점으로 전환되어, 계획적이고 전략적인 행동에 집중할 수 있습니다. 그 밖에도 문을 열자마자 사나운 개가 튀어나오는 것은 아무리 느긋한 사람이라도 놀라서 펄쩍 뛰게 만들 것입니다.

적어도 이 하드웨어에서 이 게임은 매우 환상적입니다.

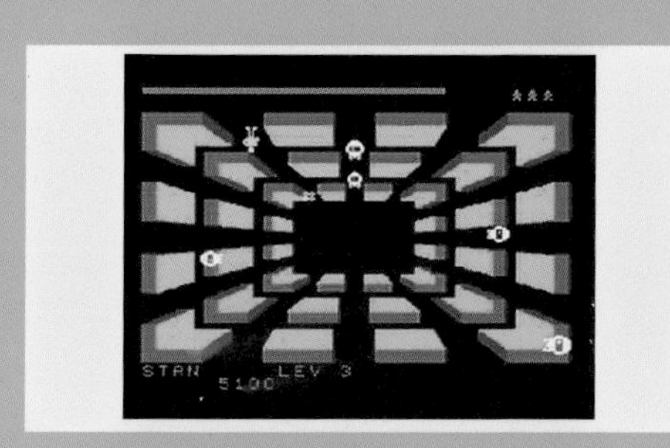

▶ 꼭 해봐야 할 게임 : 스페이스 밴디츠SPACE BANDITS
(Texas Instruments, 1983)

"스페이스 밴디츠"는 저에게 "템페스트TEMPEST(*편집 주)"를 연상시키는 게임입니다. 화면 위에서 아래 방향으로 진행하며 틈새 사이에서 사격하여 적들을 쓰러트려야 합니다. 만약 여러분이 음성 합성 스피치 모듈을 갖고 있다면 "훌륭한 솜씨야, 대장!"이라고 1980년대식 컴퓨터 보이스로 응원의 목소리를 들을 수 있습니다. 하지만 만약 여러분이 스피치 모듈이 없다 해도 걱정할 필요는 없습니다. 대신에 훌륭한 음악들이 여러분의 귀를 즐겁게 해줄 것이기 때문입니다.

*편집 주
템페스트: 코나미의 자이러스GYRUS라는 비슷한 부류의 게임이 아마도 한국에선 더 유명할 것이다.

▶ 꼭 피해야 할 게임 : 인도어 사커INDOOR SOCCER
(Texas Instruments, 1980)

축구는 야외에서 하는 것이 가장 좋은 스포츠입니다. 그것이 우리가 축구를 하면서 즐기는 이유이기도 합니다.

따라서 축구를 실내 환경으로 제한시키는 것은 매우 이상한 선택이라고 생각합니다. 그래서 저는 이 게임이 개발 뒤에 이름이 수정되었을 것이라고 생각하는데, 아무래도 만들고 나서 보니 경기가 너무 힘이 없고 경기장이 너무 작았기 때문입니다 ('벽장 축구'라는 제목이 더 적절할 것 같을 정도로).

뭐 한가지 인정해 줄 수 있는 점이 있다면 저를 웃게 해준 부분인데, 화면에서 캐릭터를 천천히 고통스럽게 움직여 공을 세우고 원하는 방향으로 슛을 하도록 하면 마치 모든 선수들이 신체 불구자처럼 행동하는 걸로 보인다는 것입니다.

이것은 절대로 축구가 아닙니다! 비꼬는 쪽이든 어느 쪽이던 간에 이건 축구가 아니라 희극입니다.

아콘ACORN
BBC MICRO

여기서 다시 원점으로 돌아와보면, 우리는 게임기보다 훨씬 더 심각한 컴퓨터를 보게 됩니다. 이 BBC Micro(애칭으로 '빕Beeb'이라 줄여 부름)의 모태가 되는 아콘 컴퓨터Acorn Computers는 싱클레어와 거의 같은 시기에 컴퓨터를 생산하기 시작했습니다.

실제로 아콘의 창립자 중 한 명인 크리스 커리Chris Curry는 싱클레어 라디오닉스Sinclair Radionics(클라이브 싱클레어의 이전 회사)를 떠나 아콘 컴퓨터를 설립하고 저렴한 마이크로 키트를 만들었습니다. 영국 내의 가정 시장을 목표로 한 첫번째 제품인 아콘 아톰Acorn Atom은 1980년에 출시되어, 싱클레어 ZX80의 약 두 배에 달하는 가격에 판매했지만 충분히 잘 팔려서 다음 제품에 대한 작업을 할 수 있을 정도였습니다. 원래는 아톰의 후속기로 아콘 프로톤Acorn Proton이라는 이름으로 제작되기 시작했던 이 기기는, 1980년 영국 방송국 BBC와 계약을 맺고 BBC의 새로운 교육용 TV쇼 프로그램을 중심으로 시작된 'BBC 컴퓨터 리터러시 프로젝트BBC Computer Literacy Project'에 사용할 목적으로 급하게 제작된 홈 마이크로 컴퓨터의 프로토타입이었습니다.

BBC Micro는 여러가지 버전이 제작되었지만 그 중에서 가장 인기있던 모델은 1981년 12월에 335파운드의 가격으로 출시된 모델 B였습니다. 더 저렴한 모델 A는 235파운드에 구입할 수 있었지만, 소비자들은 대체로 영국 대부분의 교실에서 사용하고 있는 완전히

제품 정보

제조 업체 : 아콘 컴퓨터 Acorn Computers
CPU : 모스 테크놀로지 MOS 6502
색상 : 8색(16 팔레트)
RAM : 16~32KB
출시일 : 1981년 12월
출시 지역 : 영국
보급가격 : £235(모델A) / £335(모델B)

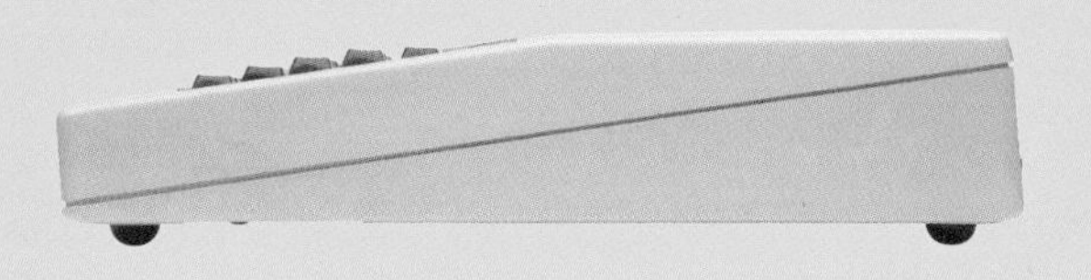

조립되어 나오는 모델을 더 선호하며 구매 선택했습니다. 사실 이것이 가격이 비쌈에도 인기를 얻은 이유입니다. 아이들은 학교에서 이 컴퓨터를 사용하고, (아이에게 PC를 사줄 수 있을 정도로) 형편이 좀 더 넉넉한 부모들은 집에서 사용하기 위해 구매하여 아이들의 교육을 도왔습니다.

물론 이 새로운 디지털 시대의 이기는 초기 목적대로 교육용 프로그램이 중심이였음에도 불구하고, 종종 아주 큰 재미를 선사했습니다. 이로 인해 소유자들은 빕Beeb(BBC Micro의 애칭)을 위한 전용 게임들을 구매했습니다. 게임 라이브러리는 아무래도 다소 제한적이었지만 (특히 Sinclair의 다음 세대 기기가 출시되었을 때와 비교하면), 빕의 강력한 하드웨어 성능은, 다른 기종보다 뛰어난 최종 버전 게임을 심심찮게 즐길 수 있는 경우가 많았기 때문에, 당시에는 학교와 놀이터에서 다른 아이들의 부러움을 샀습니다.

BBC Micro는 1980년대 영국 내의 거의 모든 지역에서 학교의 필수품인 교육용 PC로 자리 잡았지만, 다른 지역(예: 북미)에서는 거의 주목을 받지 못했습니다.

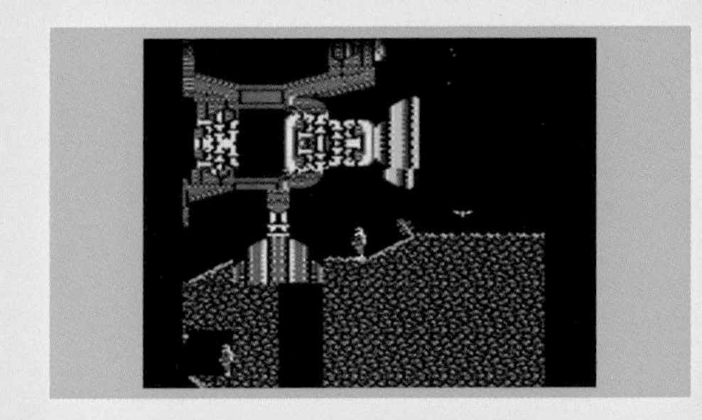

▶ 꼭 눈여겨 볼 게임 : 엑사일EXILE
(Superior Software, 1988)

BBC Micro, 애칭 '빕Beeb' 은 여러분을 다른 세계로 옮겨주는 듯한 정도로 넓고 방대한 세상을 표현하는 게임 제작이 가능했다고 할 수 있습니다. 여러분은 콜롬버스 포스Columbus Force의 마이크 핀Mike Finn이 되어서 구조 임무를 완수하고 배신자인 싸이코 유전 공학자 Triax를 상대해야 합니다.

"엑사일"은 다른 플랫폼에서도 즐길 수 있지만, BBC Micro에서는 다른 기종보다 더욱 더 안락하고 부드럽게 작동합니다. 그래픽은 화려하고 유동적이며 아름다운 게임 세계를 표현하는 동시에 8비트 컴퓨터로는 불가능할 것이라고 느껴졌던 뉴턴의 중력 이론에 따른 움직임을 실제로 시뮬레이션한 최초의 게임 중 하나입니다.

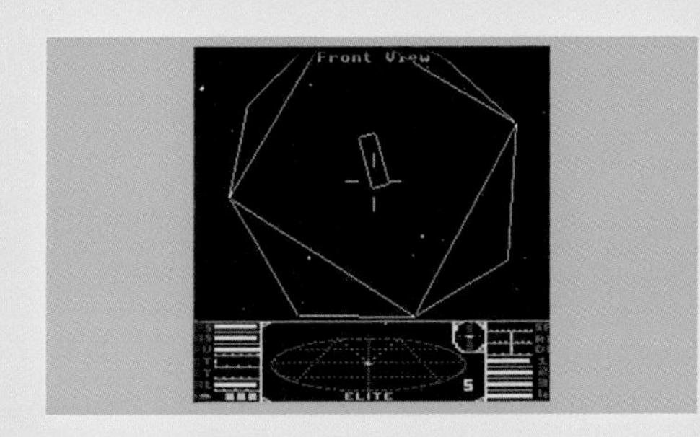

▶ 꼭 해봐야 할 게임 : 엘리트ELITE
(Acornsoft, 1984)

만약 제가 여기에 「엘리트」를 올리지 않았다면 여러분은 저를 미쳤다고 생각했을 것입니다.

"엘리트"는 데이빗 브라벤David Braben과 이안 벨Ian Bell이 개발한 게임이었습니다. "엘리트"는 좋은 의미로 빕을 가진 사람들을 부러워 하게 만드는 이유 중 하나였죠. 누가 만약 우주에서 자유롭게 돌아다닐 수 있다는 놀라운 상상을 해본적이 없다고 하면 저는 그 말을 믿을 수 없었을 것입니다. 이 게임은 3D 와이어 프레임 그래픽을 사용한 최초의 게임 중 하나로, 게임을 통해 우주를 자유롭게 돌아다닐 수 있었으며, 복잡한 전투, 거래 및 진행 시스템을 포함하여 여러분이 최소 며칠, 때로는 몇 주 동안 게임에 집중하게 만들었습니다.

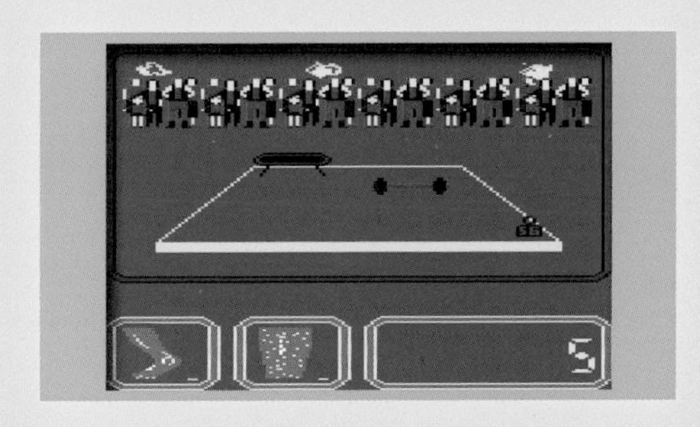

▶ 꼭 피해야 할 게임 : 조프 케이프스 스트롱 맨GEOFF CAPES STRONG MAN
(Martech, 1984)

여러분이 이 게임을 시작하면 화면에서 두 개의 얼굴을 볼 수 있을 것입니다. 여러분은 저처럼 '혹시 이 사람들은 끔찍한 사고를 겪은 건가?' 라고 생각할지도 모릅니다. 왜냐하면 얼굴이 워낙 무섭게 생겼기 때문입니다.

그래픽 MODE 2는 화려한 색상 팔레트를 제공하지만 게임이 사용할 수 있는 RAM은 9KB밖에 남지 않습니다. 불행히도 이 게임은 메모리의 부족 등 다른 단점을 만회하기에 충분하지 않습니다. 자동차 들어올리기, 아령 들어올리기 등 다양한 이벤트가 있지만 매우 지루합니다. 우리… 이 끔찍한 음악이 다시 재생되기 전에 뭔가 다른 것으로 넘어갈까요?

코모도어COMMODORE 64

이제 우리는 역사상 가장 잘 알려진 컴퓨터 중 하나를 언급하기 위해 다시 대서양을 건너 돌아왔습니다. 지금 보면 1982년은 코모도어 64(이하 C64로 줄입니다)에게 그리 좋은 시기는 아니었던 것처럼 느껴집니다. 명백한 실수는 아니지만 분명 개선의 여지가 많이 남아 있는 상태인, 가능성이 많은 제품 치고는 너무 일찍 출시되었기 때문입니다. 하지만 그것은 처음부터 디자이너들의 의도대로였고, 재능 있는 이들이 창조의 자유를 누리는 드문 케이스였습니다.

외관상 디자인으로 보면 C64는 VIC-20(52p 참조)와 거의 똑같아 보이지만, 그 플라스틱 외장 안쪽은 아주 다른 물건이었습니다. 그 중심에는 MOS 6510 CPU가 심장처럼 자리해 있었고, 64KB의 RAM이 살로 붙듯 결합되어 당시 대부분의 경쟁자인 컴퓨터들을 압도했습니다. 그래픽은 VIC-Ⅱ칩이 담당했으며 16가지 색상, 스캔 라인당 8개의 하드웨어 스프라이트, 하드웨어 스크롤링 및 비트맵 그래픽 모드를 갖추고 있었습니다. 이것 만으로도 아주 좋은 구성이지만 SID칩(커스텀 음향 생성 칩)도 함께 포함되어 홈 비디오 게임 시장의 새로운 시대를 예고했습니다.

저는 SID칩이 어떻게 3개의 채널을 가지고 있는지, 또 해당 채널이 각각 자체 ADSR 엔벨로프 기능(*편집 주)을 가지고 있으며 어떻게 가동하고, 어쩌구저쩌구 계속 떠들

*편집 주
ADSR 엔벨로프: 파형 변화로 다양한 악기 소리 형태를 흉내낼 수 있는 음변조 장치.

제품 정보

제조 업체 : 코모도어 Commodore International
CPU : 모스 테크놀로지 MOS Technology 6510
출력 색상 : 16색
RAM : 64KB
출시일 : 1982년 1월
출시지역 : 북미
출시가격 : $595

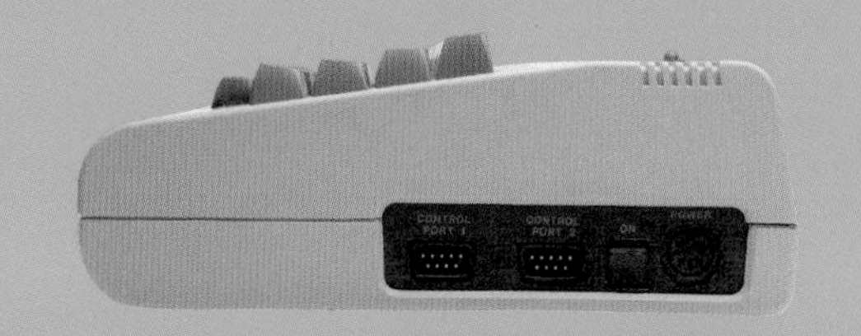

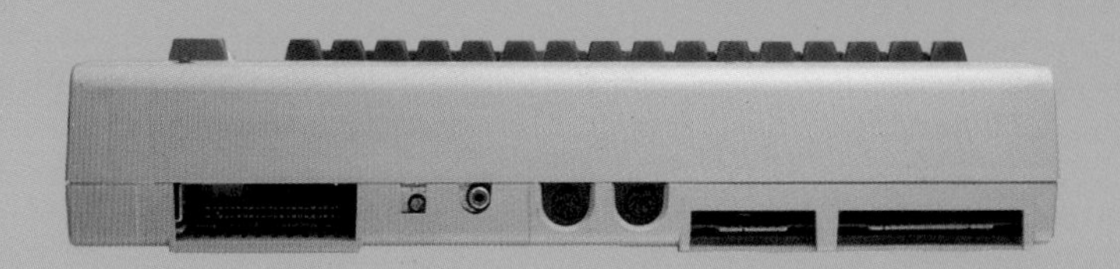

수 있습니다만, 당시 경쟁 제품과 비교하여 이게 얼마나 대단한 제품인지 이해하려면, 이 말을 꼭 들어봐야 합니다. 이 SID칩의 제작자 로버트 야네스Robert Yannes는 당시 다른 음원 칩들에 대해서 "음악에 대해 아무것도 모르는 사람들이 만들었다"고 말한 적이 있습니다. 조금은 듣기 거칠지만 이해할 수 있던 말입니다.

VIC-20에서 더욱 개선된 모델인 C64에서는 두개의 DE-9 조이스틱 포트가 달려있어서 마우스를 사용할 수도 있고, 두 명이서 신나게 플레이할 수도 있습니다. 1982년 595달러의 판매가는 좀 더 강력한 하드웨어에 목마른 소비자들을 실망시키지 않았고, C64는 결국 전 세계적으로 엄청난 성공을 거두었습니다. 1500만 대 이상의 판매량을 기록하여 역대 최다 판매 컴퓨터라는 업적을 이루었습니다.
실제로 C64의 시장 점유율은 1983년 초에 유럽에서 ZX 스펙트럼ZX Spectrum(68페이지 참조)이 출시가 되기 전까지 거의 문제없이 높게 지속되었으며, 코모도어와 ZX스펙트럼과의 경쟁은 동네 놀이터에서 종종 분쟁의 씨앗이 되기도 했습니다.

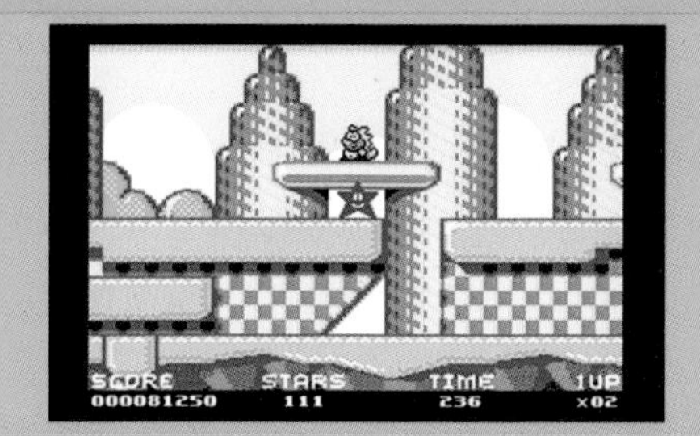

▶ **꼭 눈여겨 볼 게임 : 메이헴 인 몬스터랜드**MAYHEM IN MONSTERLAND
(Apex Computer Productions, 1993)

저는 이 게임이 개발되던 당시에 잡지 코모도어 포맷Commodore Format에서 기사를 읽었던 기억이 있습니다. 이 게임은 결국 매우 늦게 출시되었기 때문에 처음부터 끝까지 주목을 받았습니다. 잡지 코모도어 포맷은 이 게임에 무려 전례 없는 100%라는 점수를 주었습니다. 하지만 이것은 그들이 단지 의무감을 느껴서 점수를 후하게 준 것은 아닙니다.

여러분은 이 게임을 시작하면 '특별하다'라는 느낌을 받을 것입니다. 마치 콘솔 게임처럼 느껴져 세가 마스터 시스템Sega Master System에 크게 모자라지도 않습니다(120페이지 참조). 이 게임은 고해상도 모드의 배경과 멀티 컬러 플랫폼 구조를 잘 혼합하고 게임 화면 위에 고정 레이어 맞춤형 문자 모드를 구현한 인상적인 프로그래밍을 통해 이루어졌습니다.

만약에 이 게임이 플랫폼 초기에 출시되었다면 플랫폼의 마스코트가 될 수 있었을 것입니다.

▶ **꼭 해봐야 할 게임 : 임파시블 미션**IMPOSSIBLE MISSION
(Epyx, 1984)

"또 다른 손님이군요. 잠깐 머무르던가 영원히 머무르던가…" 이 게임을 해 보신 분들이라면 깔끔하게 디지털화된 목소리로 울려 퍼지는 이 오프닝 대사에 익숙하실 것입니다. 보통 ZX 스펙트럼을 소유한 친구들은 질투심에 침을 흘렸지요.

깔끔한 그래픽에서부터 애니메이션, 세밀하게 조정된 게임 플레이까지 이 게임에 대한 모든 것이 잘 만들어졌습니다.

비밀요원인 여러분은 사악한 엘빈 아톰벤더 교수의 세계 정복 계획을 막기 위해 교수의 통제실에 잠입해야 합니다! 사방에 널려 있는 로봇을 피하면서 컴퓨터와 실내 가구들을 조사하며 임무를 수행합니다. 플레이어가 한번 죽을 때마다 6시간의 시간 제한 중 10분을 잃게 되어 플레이가 더욱 긴박해 집니다.

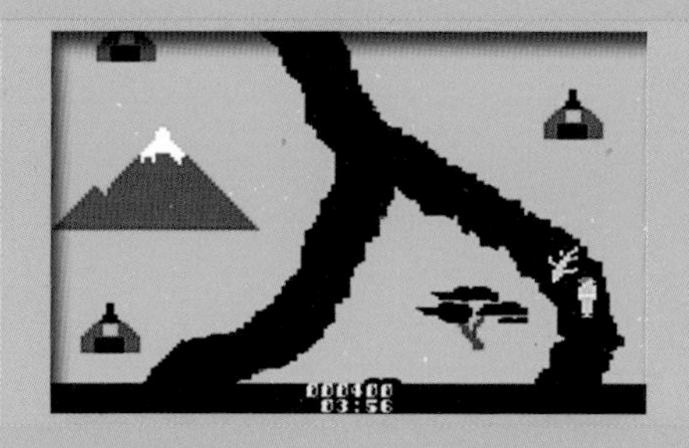

▶ **꼭 피해야 할 게임 : 척 노리스 슈퍼킥스**CHUCK NORRIS SUPERKICKS
(Xonox, 1983)

"쿵푸 슈퍼킥스Kung Fu Superkicks"(라이선스 만료 후 쿵푸 슈퍼 킥으로 변경됨)로도 판매된 "척 노리스 슈퍼킥스"는 최대한 멀리 차고 싶은 마음에 제목에 "슈퍼Super"를 붙였겠으나, 실상은 별볼일 없는 게임이었습니다.

코모도어64(이하 C64로 줄임)에서는 놀랍도록 형편없는 퀄리티를 보여주며 마치 여러분이 페어차일드 Channel F(20페이지 참조)나, 아타리 2600(32페이지 참조) 게임을 하고 있다고 착각할 수 있습니다. 하지만 아닙니다. 여러분은 C64를 플레이 하고 있는 것입니다. 뭐 "플레이"는 매우 느슨한 용어이긴 하지만요.

이 게임은 몇 초 안에 무작위로 일어나는 전투에 휩쓸리기 전에 지도를 따라 진행해야 합니다. 게임을 진행하면 "슈퍼킥Superkick"과 같은 새로운 기술 동작을 습득하여 전투를 더욱 빠르게 진행할 수 있습니다…만, 그냥 창고에 두는 게… 어때요?

싱클레어SINCLAIR ZX SPECTRUM

싱클레어 리서치Sinclair Research는 제품을 늦게 납품하기로 악명이 제법 높았습니다. 제품이 미처 준비되기도 전에 우편 주문 판매를 우선 제공하는 안 좋은 관행은 지속적인 현금의 흐름을 보장했지만, 배달 지연으로 인하여 그들의 평판이 다소 나빠졌습니다.

그래서 ZX 스펙트럼 ZX Spectrum은 1982년 4월 23일에 공식적으로 출시되었지만, 많은 소비자들은 실제로 1983년 초까지 제품을 받지 못했습니다. 그러나, 이런 일들 중 어느 것도 클라이브 싱클레어Clive Sinclair의 최신 제품에 대해 열광하는 흐름을 막을 수는 없었습니다. 개발 중에 지칭된 ZX82라는 새로운 이름은 기존의 ZX81(44p 참조)에 비해 신제품의 향상된 차이점을 강조하기 위해 부여되었습니다. 그 중 가장 눈에 띄는 차이는 15색 팔레트(2가지 음영 색조의 7가지 색상과 검정색)의 도입이었습니다.

만약 여러분이 당시에 영국 학생들의 상상력을 자극했던 컴퓨터 한 대를 선택해야만 한다면 다들 분명히 ZX 스펙트럼을 선택할 것입니다. 이것은 컬러 그래픽과 게임 플랫폼을 제공하는 최초의 보급형 가정용 마이크로 PC였습니다. 싱클레어의 이전 제품들과 같이 저렴한 가격이 핵심이었으며, 48KB 모델의 경우 175파운드, 16KB 모델의 경우는 125파운드에 판매했던 스페시Speccy(ZX Spectrum의 애칭)의 작고 기발한 디자인은, 심지어 스펀지 고무 키보드(나름 좋아하는 팬이 많았습니다)로도 매력을 어필했습니다.

제품정보

제조 업체 : 싱클레어 Sinclair Research
CPU : 자일로그 Zilog Z80A
출력 색상: 8색 (15 팔레트)
RAM : 16~64KB (후기형 모델의 경우 128KB)
출시일 : 1982년 4월
출시지역 : 영국
출시가격 : £125(16KB 모델) / £175(48KB 모델)

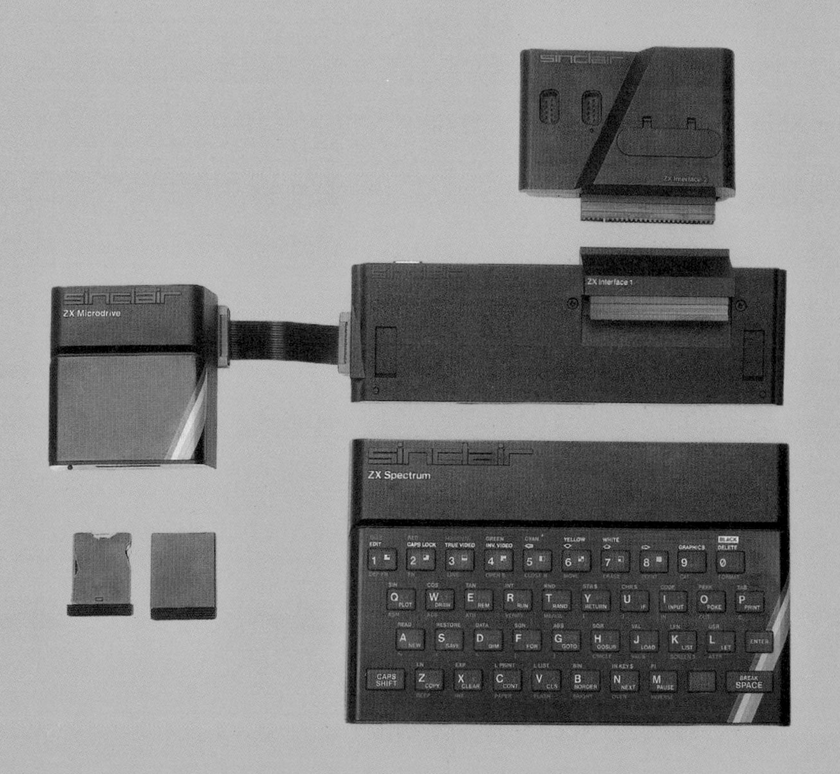

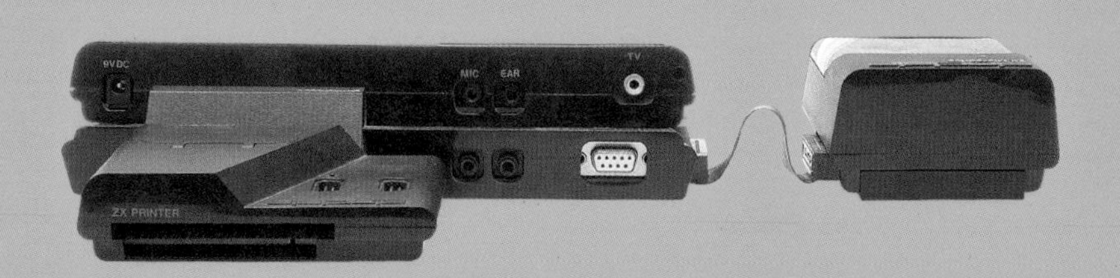

자일로그 사의 Z80A 프로세서를 이용한 비용 절감 설계로는, 그래픽 처리 문제와 동의어인 Color Clash(또는 속성 충돌)을 포함하여 여러 가지 문제를 해결했습니다. 일례로 문자당 2 가지 색상의 셀로 강제하는 특허를 받은 표현 방법이 있습니다. 색상 정보는 그래픽 정보보다 낮은 해상도로 유지되어 소중한 메모리를 절약할 수 있지만. 그 한계를 극복하기 위해 세심한 코딩이 구현되지 않으면 색상이 넘쳐흐르는 것처럼 보일 수 있다는 뜻입니다.

어떻게 팔리게 되었나?

새로운 플랫폼에 수백 개의 게임이 등장하는 데 그리 오래 걸리지는 않았습니다. 다만 수백 개의 플랫폼은 순식간에 수천 개의 플랫폼으로 빠르게 불어났으며, 그 여파로 인하여 다른 플랫폼은 큰 어려움을 겪었고 이로 인하여 ZX 스펙트럼은 영국의 대표적 게임용 플랫폼이 되었습니다. 이 기기는 그 뒤로 몇 년 동안 유럽의 다른 지역(특히 스페인)의 시장을 비집고 들어갔으며, 심지어 북미에서도 타이맥스Timex Corporation에 의해 미국시장에서 타이맥스 싱클레어 2068Timex Sinclair 2068이란 이름으로 판매할 수 있도록 허가를 받았습니다. 다만 이 버전은 대부분의 기존 스펙트럼 소프트웨어와 호환되지 않는 개량 발전형 버전이었으며, 코모도어 64 등과 같은 경쟁 제품에 밀려서 저조한 판매량을 보였습니다.

이 ZX 스펙트럼에는 본래 조이스틱 포트가 없었습니다만, 캠스톤 조이스틱 인터페이스Kempston Joystick Interface와 같은 하드웨어 추가 기능이 이 단점을 수정했습니다. 또한 CPU가 내장 스피커를 통해 소리를 구현하는 사운드칩 또한 없었습니다. 하지만 그럼에도 많은 매력과 발전 가능성이라는 버킷 리스트를 가지고 있었고, 이에 따라 향후 10년 동안 여러 수정을 거친 다양한 개정판 하드웨어들의 발매로 이어지게 되었습니다.

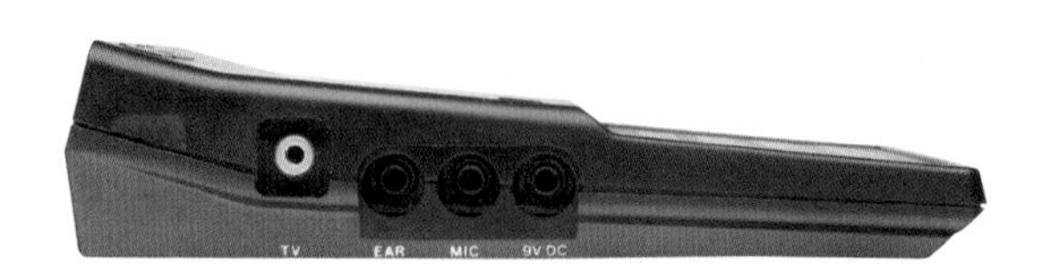

▶ 꼭 눈여겨 볼 게임 : 체이스 H.Q.CHASE H.Q.
(Ocean Software, 1989)

「체이스 H.Q.」는 1988년에 출시된 게임으로 오락실 아케이드 하드웨어가 ZX 스펙트럼의 기능을 훨씬 능가하던 시기에 출시되었습니다. 하지만 이것은 동전 투입형 아케이드 게임(Coin-op classic)을 믿을 수 없을 정도로 충실하게 리메이크한 것이었습니다. 비록 색상 충돌을 막기위해 플레이 필드는 흑백 모노크롬으로 제작되었지만, 놀라울 정도로 주변 환경을 잘 묘사하였으며 애니메이션은 여러분이 딱 좋아할 정도로 매끄럽게 제작되었습니다. 화면 UI 상단 가장자리에는 아케이드 캐비닛을 모방한 깜빡이는 표시등도 있었습니다. 정말 멋지고 영광스러운 이식작이었습니다.

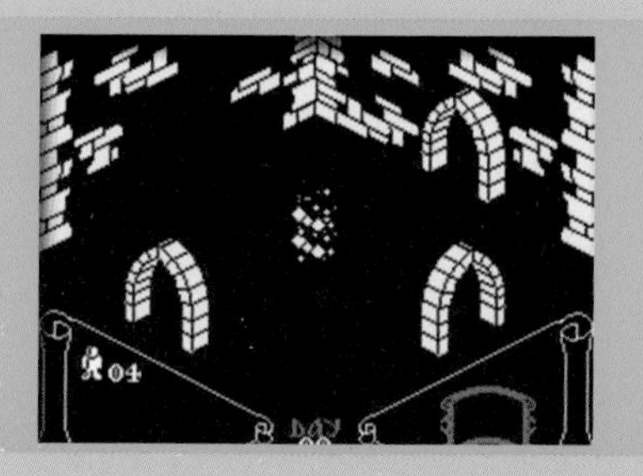

▶ 꼭 해봐야 할 게임 : 나이트 로어KNIGHT LORE
(Ultimate Play the Game, 1984)

왜 제가 '꼭 해봐야할 게임'을 기종 당 1개 만으로 제한했는지에 대해 스스로 후회가 됩니다. 하지만 제가 이 기종의 여러 가지 게임 중 하나 만을 선택해야 한다면 그것은 바로「나이트 로어」여야 합니다. 출시되자 마자 등축 투영 기법을 사용한 필메이션 엔진Filmation engine은 게이머들을 홀딱 반하게 만들었으며, 이전 대부분의 게임들은 2차원 오버헤드 시점이거나 사이드뷰 플랫폼 게임들이었지만, 이 게임은 유사 3차원으로 즐길 수 있었습니다!

결과적으로 '나이트 로어'는 이 엔진의 화면 표현과 결합하여 기존 ZX스펙트럼의 게임들보다 더 재미있고 더 풍성한 분위기를 가지게 되었습니다. 이 게임의 목표는 플레이어가 주인공 탐험가Sabreman(*편집 주)가 되어 성 주변에 흩어져 있는 힌트와 해결 방책을 모아, 늑대인간이 되는 저주를 치료하는 것입니다. 저주를 풀기까지 40일의 제한 시간이 남았고, 밤마다 인간에서 늑대인간으로의 40번의 변신을 겪을 것이며, 인간과 늑대인간 각각의 형태에서 플레이어 여러분에게 서로 다른 도전 과제를 제공할 것입니다.

*편집 주:

나이트 로어의 주인공 세이버맨은, 이후 여러 게임에 카메오로 등장하는데 대표적으로 '반조-카주이(Banjo-Kazooie, 1998년 출시)' 시리즈의 두 번째 작품인 '반조-투이(Banjo-Tooie, 2000년 출시)'에서는 얼어 있는 모습으로 발견된다. 이를 구해주면 세이버맨이 말하길 '아이스 드래곤에 의해 1984년부터 얼어 있었다'고 말한다. 1984년은 나이트 로어의 출시 연도다.

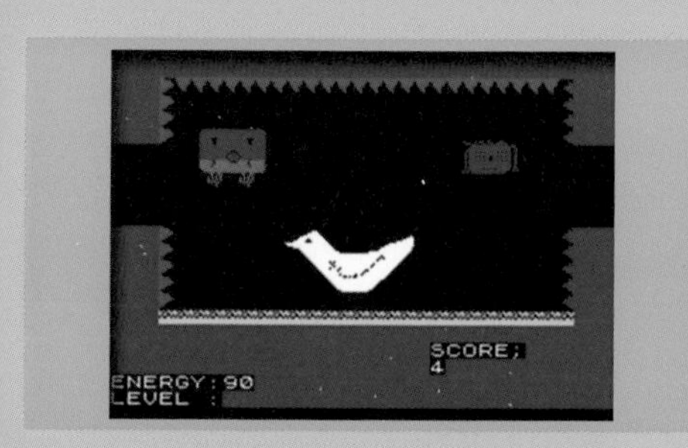

▶ 꼭 피해야 할 게임 : 스퀴이즈!SQIJ!
(The Power House, 1987)

이 게임은 패키지의 커버 아트부터가 심각한 문제입니다. 더 큰 문제는 게임보다 커버 아트가 게임보다 백만 배는 더 낫다는 점이었고요. 저는 때때로 이런 게임이 어떻게 출시까지 되었는지 궁금했으며 그중 "SQIJ!"는 저를 가장 힘들게 만든 게임입니다.

"SQIJ!"는 1.99파운드에 불과한 저렴한 게임이었지만 놀랍게도 비슷한 예산에서 훨씬 좋은 게임이 몇 개나 있었습니다. 반면 이 게임은 게임으로 분류할 가치조차 없었습니다. 게임을 시작하면 그로테스크하게 생긴 새를 보게 되며, 그 외에는 아무 것도 할 수 없었습니다. 이 게임을 플레이 하기 위해서는 게임을 뜯어내어 해킹을 해야 하고, 그렇지 않으면 플레이조차 할 수 없었습니다.

결과적으로 게임의 가치는 전혀 없으며, 여러분은 이 게임을 하느니 차라리 움직이지 못하는 새를 가만히 쳐다보는 편이 나을 것입니다. 어떤 대가를 치르더라도…, 아니, 그냥 절대 하지 마세요.

콜레코COLECO
COLECOVISION

우리는 지난 몇 페이지에 걸쳐 많은 개인용 컴퓨터들을 보았으므로, 이제 여기서 새 콘솔 게임기들을 둘러볼 때가 된 것 같습니다. 이 콘솔 게임기는 1976년에 출시된 콜레코의 텔스타Telstar 게임기 시리즈(오직 "퐁Pong"만을 구동할 수 있는 퐁 기계)의 후속작입니다. 아타리 2600(32페이지 참조)이 이미 경쟁에서 버티고 있었지만, 콜레코 게임기는 동시대 컴퓨터에 비하면 여전히 상당히 저렴했습니다. 따라서 콜레코는 1982년 코모도어 64(64페이지 참조)가 등장함과 동시에, 가격을 평준화 해서 경쟁력을 높이기로 결정했습니다.

이 콜레코비전의 핵심적 부품은 256×192 픽셀의 해상도와, 16가지 색상 및 1화면 안에 32개의 스프라이트 표시 기능을 제공할 수 있는 텍사스 인스트루먼트 사의 TMS9928A 비디오 프로세서와 함께 연동되며, 점점 더 인기를 얻고있던 자일로그의 Z80A CPU 였습니다. 1KB 표준 RAM과 함께 16KB의 전용 비디오RAM이 내장되었으며, 텍사스 인스트루먼트는 PSG음원의 사운드칩(TI-99/4 마이크로 컴퓨터에서 사용하도록 설계되었음)도 제공했습니다.

전체적인 콘솔 스팩과 게임 패키지도 꽤 화려해 인상적이었으며, 집에서도 오락실에 있는 것 같은 느낌을 줄 수 있도록 하려고 했습니다. 뭐, 이런 느낌은 당시 모든 게이머들이 간절히 원하던 것이었죠.

제품 정보

제조 업체 : 콜레코 Coleco
CPU : 자일로그 Zilog Z80A
출력 색상 : 16색
RAM : 16KB
출시일 : 1982년 8월
출시지역 : 북미
출시가격 : $195

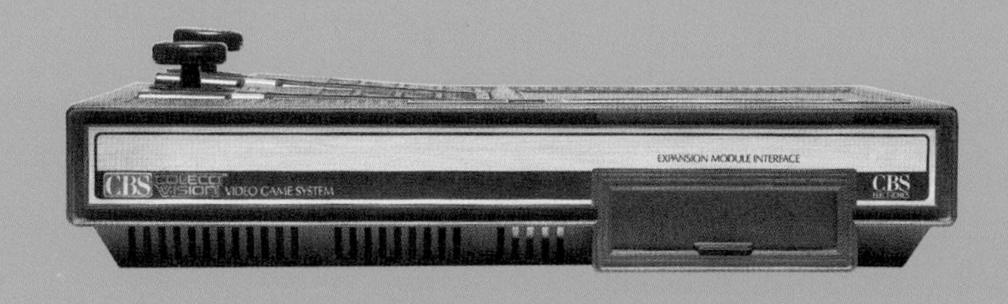

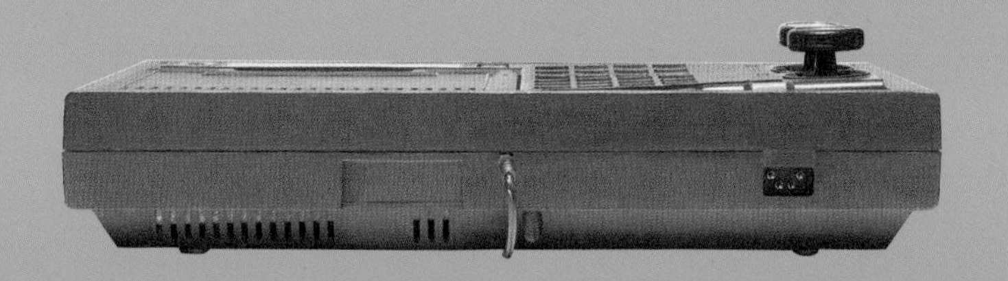

콘솔 패키지에 포함된 2개의 유선 컨트롤러는 과거 인텔리비전(36페이지 참조)의 패드와 매우 유사했습니다. 그러나, 그냥 평평한 엄지 손가락 패드가 아니라, 패들 역할도 할 수 있는 뭉툭한 조이스틱으로 제작되었습니다. 키패드 위에 고정된 플라스틱 오버레이가 포함되어 있었으며 일부 게임에서는 각각의 버튼에 대한 맞춤형 입력기로 대응되었습니다.

어떻게 팔았나요?

실제 이 시스템의 성능과 콜레코의 오락실 게임 마케팅 경험이 결합해 큰 시너지를 내며, 1982년 말까지 북미에서만 무려 50만대가 팔렸습니다. 기본적으로 수록된 팩 인 게임(기계와 함께 제공되는 게임)인 "동키 콩"은 이를 더욱 공고히 하는 데 도움이 되었습니다. 다만 이 콘솔 게임기는 1983년 유럽에 출시되어 빠르게 100만대 판매를 돌파했음에도, 당시 유럽에선 가정용으로 나온 마이크로 컴퓨터들이 그보다 더 많은 판매량을 기록해버리고 말았습니다.

만약 1년만 더 빠르게 출시되었다면 당시 시장에 큰 영향을 미쳤을 것이지만, 그러지 못했기에 결국 주요 판매 기반 지역은 북미 지역에 한정되었습니다. 그리고, 곧 안 좋은 타이밍에 불행한 시기가 겹쳐 1983년 비디오 게임 쇼크로 인해 판매량이 급감했으며, 결국 콜레코는 1985년 말에 비디오 게임 시장에서 철수했습니다.

▶ **꼭 눈여겨 볼 게임 : 남극탐험**ANTARCTIC ADVENTURE
(Coleco, 1984)

본래는 MSX(88페이지 참조)용으로 먼저 출시되었던 이 게임은 콜레코비전 하드웨어에서도 잘 작동합니다.

여러분은 펭귄이 되어 자신을 마주보고 빨리 다가오는 풍경 속의 장애물을 피해 길을 찾아 나아가야 합니다. 게임 방식은 간단하고 플레이에 획기적인 부분은 없지만, 구름이 지나가는 동안 풍경이 변화하는 방식은 정말 좋습니다.

이 게임이 이 플랫폼에서 가장 복잡한 게임은 아니지만, 저는 이 게임이야 말로 커스텀 칩과 빠른 프로세서 없이도 게임이 얼마나 멋지게 보일 수 있는 지를 잘 보여주는 경우라고 생각합니다.

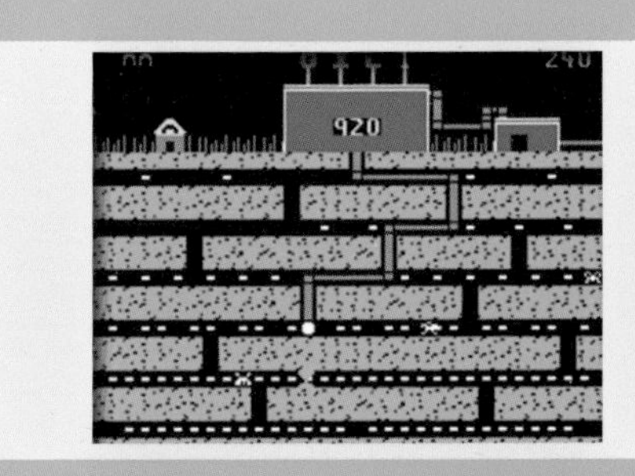

▶ **꼭 해봐야 할 게임 : 올리즈 웰**OLI'S WELL
(Sierra On-Line, 1984)

이 게임은 그다지 잘 알려져 있지는 않지만, 제가 가장 좋아하는 게임 중에 하나입니다. 이 「올리즈 웰」은 어찌보면 "팩맨"처럼 보일 뿐만이 아니라, 추가적인 전략 요소 또한 포함되어 있습니다.

여러분은 지면 위에 서있는 정유공장에서 시작하여, 기름을 빨아들이기 위해 지면 아래의 터널을 통과해야 합니다. 길을 찾는 동안 여러분은 땅속에서 온갖 반짝이는 물체와 적으로 나오는 생물들을 피해야만 합니다. 적 생물을 잡아먹을 수 있을 것 같지만, 만약 파이프라인에 적이 부딪히게 된다면 라이프를 잃게 될 것입니다.

이 게임은 한 번에 몇 시간, 며칠 또는 몇 달 동안 꾸준히 즐길 수 있는 매우 매력적인 게임입니다.

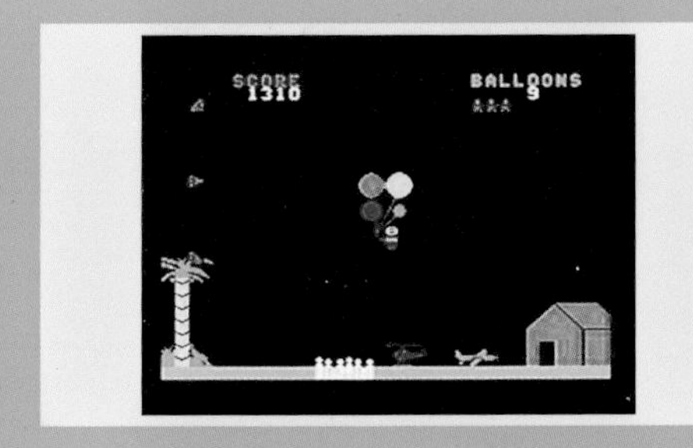

▶ **꼭 피해야 할 게임 : 거스트 버스터**GUST BUSTER
(Sunrise Software, 1983)

풍선을 한 움큼 붙잡고, 바람을 더하면… 또 뭐가 있을까요?

일단 딱 보기에 화면이 끔찍하고, 음향도 구리고, 급격히 요동치는 스크롤에, 별 느낌이 없어 시시하기까지 한 이 게임은 그냥 만든 쪽도 사는 쪽도 실수하는 것입니다. 만약 여러분이 게임보이에서 "발룬 키드Balloon Kid"를 해보셨다면, 사실 그것만으로도 적당한 게임을 만드는 것이 가능하다는 것을 깨닫게 될 것입니다.

이 게임의 전제는 간단합니다. 캐릭터가 풍선을 터뜨리지 않고 화면을 가로질러 가면 되지만, 대부분의 경우 아무 것도 할 필요가 없습니다. 가끔 비행기가 다가오거나, 코끼리가 뭔가를 던질 때도 있지만 투사체를 피하기가 너무 쉬워서 게임의 방해조차 되지 않습니다.

그리고, 이 소년은 어떻게 날면서 헬륨 풍선을 즉석에서 다시 부풀릴 수 있을까요? 정신이 아찔하네요.

드래곤 데이터DRAGON DATA
DRAGON 32

여러분은 싱클레어의 ZX 스펙트럼(68페이지 참조)가 이미 출시되었기 때문에 당시 경쟁자들이 일방적으로 밀려났을 것이라고 생각하실 수도 있겠지만, 이때는 아직 가정용 퍼스널 컴퓨터의 초기 시절이었기 때문에 여전히 선택지는 많았습니다. 드래곤 데이터Dragon Data Ltd는 기존 가정용 기기 회사들의 느린 배송에 대한 소비자들의 불만을 알아차렸고, 1982년 8월 자체 제작제품인 드래곤 32를 출시하였습니다.

ZX 스펙트럼하고는 다르게 이 드래곤 32는 전혀 근본없이 아주 밑바닥부터 만들어지지는 않았습니다. 먼저 나온 탠디의 TRS-80 컬러 컴퓨터, 통칭 'CoCo'(48페이지 참조)의 레퍼런스 디자인을 기반으로 모토로라 6809E CPU의 성능을 살려 보여주었으며, 모토로라는 추가판매 이익을 얻을 수 있다는 사실을 알고 기꺼이 개발에 도움을 주었습니다.

시스템의 메인 BIOS는 그 마이크로소프트사의 BASIC을 사용하는 협약 덕분에, 당시 마이크로소프트의 권장 사양을 기반으로 설계 제작되었습니다. 컴포지트 비디오 출력과 센트로닉스Centronics의 병렬 포트를 추가하는 등, 몇 가지의 개선작업도 있었습니다. 또한 드래곤 32는 아날로그 조이스틱을 사용하며 라이트 펜 기능을 포함해, 디지털 입력보다 더 다양한 기능을 제공했습니다.

제품 정보

제조 업체 : 드래곤 데이터Dragon Data Ltd
CPU : 모토로라 Motorola 6809
출력 색상 : 4색 (9색 팔레트 중)
RAM : 32KB
출시일 : 1982년 8월
출시지역 : 영국
출시가격 : £199

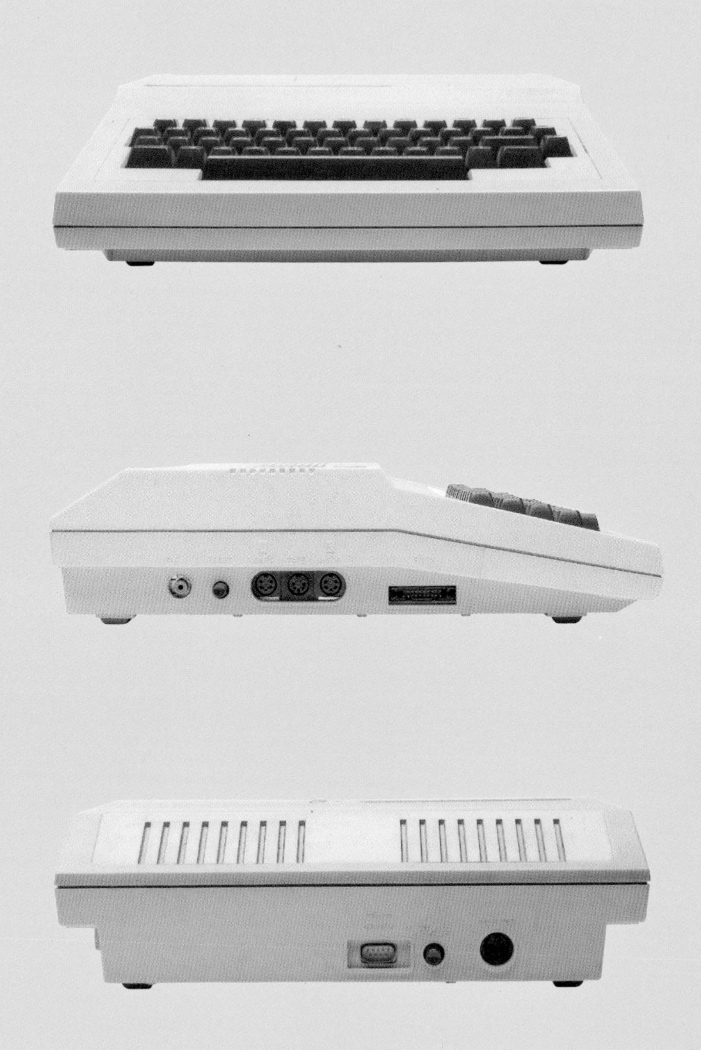

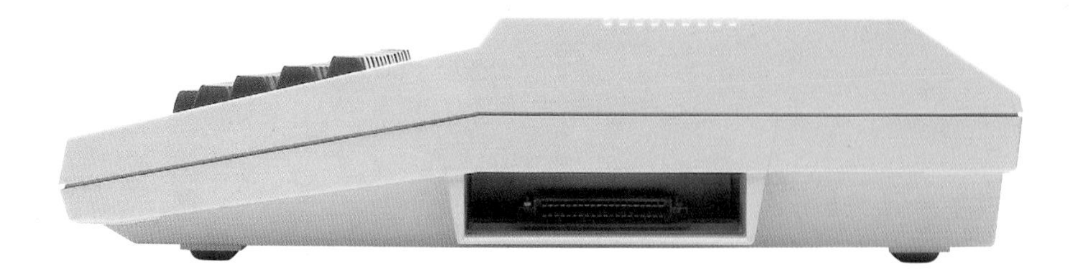

드래곤 32는 탠디의 컬러 컴퓨터, 통칭 'CoCo'와도 마찬가지로 기본적 디스플레이 모드는 녹색 바탕에 검은 색으로 표현되어, 다소 요란하게 번들거렸지만 (눈에 잘 들어와서) 일단 보기에는 좋았습니다. 또한 기본 설계 디자인이 CoCo와 유사하였기 때문에, 상당한 수의 CoCo 게임 및 소프트웨어 패키지와도 호환이 되었습니다.

영국에서 드래곤 32는 주요 소프트웨어 개발 회사들에게 상당한 지지를 받았고, 특히 많은 게임들이 드래곤 32에서 플레이할 수 있도록 이식되었습니다. 일부 CoCo 개발자도 자사의 CoCo 게임 타이틀들을 영국식 시스템으로 이식하는 것이 무척이나 쉬웠기 때문에 이런 흐름에 편승하였습니다.

드래곤 32의 판매량은 대부분 드래곤 데이터 사의 고향 웨일즈(그래서 Dragon으로 작명)에서 발생했습니다. 그리고 차츰 영국 시장 전체로 판매를 넓혔는데 결국 1984년에는 단종되었지만, 그래도 1988년까지는 마이크로딜Microdeal 같은 유통업체의 지원을 받아서, 충성도가 높은 팬층 위주로 계속 판매되었습니다.

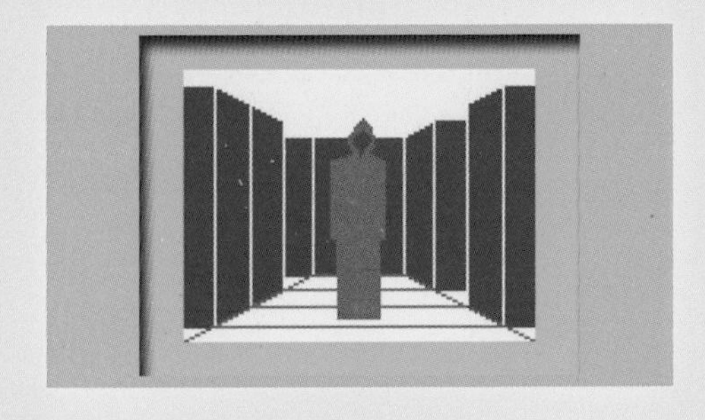

▶ 꼭 눈여겨 볼 게임 : 팬텀 슬레이어PHANTOM SLAYER (Microdeal, 1982)

우리는 이 책 앞에서 싱클레어 ZX80 기종의 "3D 몬스터 메이즈"(47페이지 참조)를 살펴봤는데, 이 "팬텀 슬레이어"는 드래곤32 판으로 나온 "3D 몬스터 메이즈"에 필적하는 긴장감을 갖고 있는 게임입니다.

"팬텀 슬레이어"는 사악한 수도사의 형상을 피해가며 미로를 탐색하고 출구를 찾는 것 이외에는 크게 할 일은 없습니다. 하지만 이 수도사들은 여러분을 두려움으로 가득 채울 것입니다. 적 하나가 근처에 있으면 발자국 소리가 들려오기 시작합니다만, 어느 방향에서 오는지 알지 못하기 때문에 플레이어들(적어도 저는)은 당황하게 될 것입니다.

이처럼 단순한 콘셉트만 추구한 게임이지만, 1982년 당시에는 분명 지금보다 훨씬 더 무서웠을 것입니다.

▶ 꼭 해봐야 할 게임 : 척키 에그CHUCKIE EGG (A&F Software, 1983)

드래곤 32는 동시대 경쟁기종들에 비해서 사실 그리 인기가 높은 편은 아니었기에, 기존의 인기있는 게임들을 빠르게 재조합한 아류작이 많았지만 이 "척키 에그"는 그렇지 않고 독창적이었습니다.

A&F Software는 BBC Micro(60페이지 참조) 버전 및 드래곤 32 버전을 동시에 개발했는데, 비교해보면 이 드래곤 32 버전 게임은 아마도 해당 게임의 가장 좋은 버전일 것입니다. 게임 플레이는 빠르게 진행되었고, BBC Micro와 같은 현실적인 물리엔진을 포함하였습니다.

주인공 '양계장 해리Hen-House Harry'는 화면 곳곳에 놓여진 다양한 달걀을 모아야 합니다. 여러분에게 더 많은 시간을 줄 씨앗이 쌓여 있지만, 당신을 즉시 퇴출시킬 두려운 암탉들도 있습니다. 단순한 플랫포머지만 집중도는 높습니다.

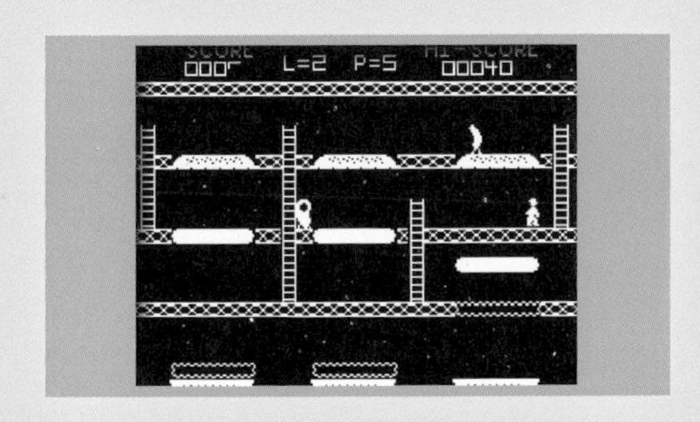

▶ 꼭 피해야 할 게임 : 바미 버거스BARMY BURGERS (Blaby Computer Games, 1984)

우리는 앞에서 인텔리비전(39페이지 참조) 버전의 "버거 타임"을 살펴보았는데, 이 쪽은 아케이드 고전 게임의 완벽한 구현이라고 할 수 있었습니다. 하지만…, 음… 이 "바미 버거스"는 분명히 "버거 타임"의 복제품이지만 전혀 즐겁지가 않네요.

드래곤 32의 블랙&화이트 화면인 그래픽 모드4를 사용하는 이 게임은 흑백 모노크롬 게임으로, 달팽이의 속도보다 조금 더 빠르게 움직인다고 해도 과언이 아닙니다. 여러분은 햄버거를 만들기 위해서 프레임 단위로 바삐 움직이고 싶겠지만, 정작 게임의 움직임이 답답할 정도로 느려서 실망스럽습니다. 햄버거 하나를 완성하기 전에 다들 지쳐서 포기할 겁니다.

GCE(General Consumer Electric)
VECTREX

이미 픽셀로 가득 찬 세상이 된 컨슈머 게임기 시장에서, 벡터 그래픽과 카트리지 기반의 벡트렉스Vectrex 같은 거치형 게임기의 등장은 다른 선택지를 제공했다는 의미에서 매우 신선했습니다. 초기 아이디어는 게리 카Gerry Karr과 함께 기기를 제작한 존 로스John Ross와 마이크 퍼비스Mike Purivs가 고안했으며, GCE(제네럴 컨슈머 일렉트릭:General Consumer Electronics)를 통해 처음 배포되었습니다.

벡트렉스는 본체에 내장된 일체형 디스플레이뿐만이 아니라, 래스터 그래픽 대신에 벡터 그래픽을 사용한다는 점에서 다른 기기와 차별화되었습니다. 9인치 크기의 세로형 스크린은 흑백 모노크롬이며, 과거 10년 전에 출시되었던 마그나복스사의 오디세이와도 마찬가지로 아세테이트 재질의 오버레이 필름을 부착하여 색상을 추가할 수 있었습니다. 이 오버레이 뒤에는 아날로그 벡터 생성기가 있었으며, CRT를 통해 전자빔을 조정해 80년대 초반 당시에 높은 인기를 누렸던 아케이드 게임기와도 유사한 그래픽을 만들어냈습니다. 사운드는 3인치 스피커를 통해서 제네럴 인스트루먼트General Instrument사의 AY-3-8912 PSG 사운드칩에 의해 구현 생성되었습니다.

제품 정보

제조 업체 : 제네럴 컨슈머 일렉트릭General Consumer Eletronics
CPU : 모토로라 Motorola MC68A09
출력 색상 : 흑백 Monochrome
RAM : 1KB
출시일 : 1982년 11월
출시지역 : 북미
출시가격 : $199

벡트렉스의 초기 판매량은 완구회사였던 밀턴 브래들리 컴퍼니Milton Bradley Company가 국제 유통을 하기 위해서 GCE를 인수할 만큼 충분히 매력적이었습니다. 하지만 타사 개발자들은 이 특이한 시스템을 전혀 이용하지 않았고, 이후 1983년에 찾아온 비디오 게임 업계의 위기와 함께 판매량이 급격히 감소하여, 결국 1984년 중반에 단종되었습니다.

초창기 3D

벡트렉스에서 주목할 만한 액세서리가 있다면, 바로 「3D Crazy Coaster」 같은 게임에서 깊이감이 있는것 같은 착시 현상을 일으키는 "3D Imager"일 것입니다. 게임에 입체감을 주려는 시도였던 한 쌍의 이 고글은, 시장에 나와있던 기존의 다른 제품들과도 매우 달랐습니다.

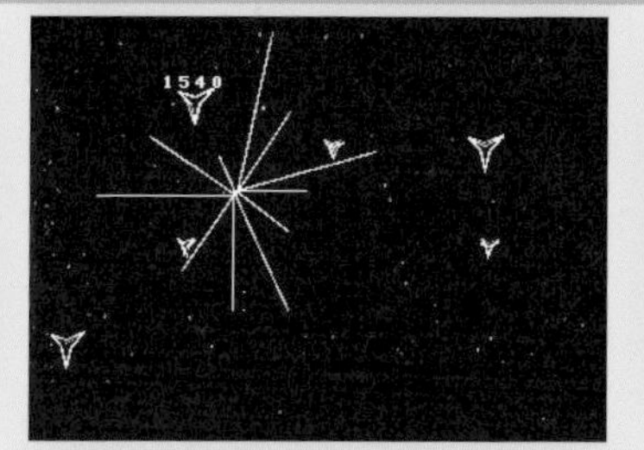

▶ **꼭 눈여겨 볼 게임 : 마인 스톰**MINE STORM (GCE, 1982)

아무래도 인상적인 비주얼을 감안하면 이 기기의 3D 게임 중 하나를 이 항목에 배치하고 싶었지만, 대신 벡트렉스에 내장된 게임이었던 "마인 스톰"을 선택했습니다.

이 게임은 본질적으로 오락실 게임이던 "아스테로이드Asteroids"의 아류작이지만, 우주 공간의 운석이나 소행성을 쏘는 것이 아니라, 근처의 지뢰를 쏘는 게임입니다. 떠다니는 자기장, 불덩어리 지뢰 등이 각각 다른 추가 효과를 가지고 있어 게임의 재미를 더하지만, 사실 그보다는 필드를 뚫고 지나가며 지뢰의 폭발을 보는 것이 더더욱 재미있습니다.

흥미롭게도 이 게임은 레벨 13 이상에서 버그로 게임이 중지되는 크래시 현상이 일어나 플레이에 지장을 주었기 때문에, 결국 기존 마인 스톰 소유자들에게 교환으로 대체품 버전("마인스톰 II Mine Storm II"라고 함)이 제공되었습니다. 만약 여러분이 이 원조 버전을 가지고 계시다면 소중히 간직하세요. 매우 가치가 높거든요!

▶ **꼭 해봐야 할 게임 : 스타 캐슬**STAR CASTLE (GCE, 1983)

여기 벡트렉스의 시스템을 잘 활용한 또 다른 게임이 있습니다. 본래 오락실에서 시네마트로닉스CINEMATRONICS가 출시했던 이 게임은, 오락실 판과 마찬가지로 내려다 보는 탑 다운 뷰 시점의 하향식 입체적 공간을 벡터 그래픽으로 완벽하게 구현했으며, 오버레이 필름은 플레이에 필요한 깊이감을 더해주는 3차원의 색상을 제공하였습니다.

여러분의 목표는 우주선을 조종하여 세 개의 회전하는 내벽을 파괴하며 전진해, 최종적으로 기지 내부에 있는 거대한 에너지 캐논을 폭파하는 것입니다.

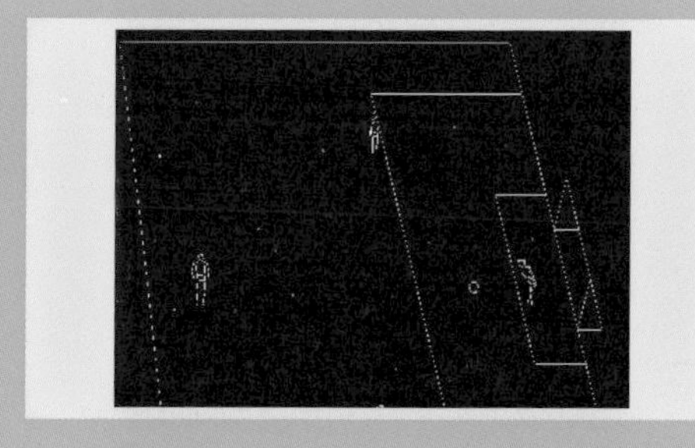

▶ **꼭 피해야 할 게임 : 헤즈업 액션 사커**HEADS-UP ACTION SOCCER (GCE, 1983)

우주 시뮬레이션이라는 장르는 분명히 벡트렉스에 적합했을지 모르지만, 횡 스크롤 방식의 4대4 축구 경기 시뮬레이션은 아무래도 당시의 벡터 그래픽 수준으로 커버할 수 있는 범위를 벗어난 장르였습니다.

여러분은 작은 막대기 모양의 선수를 컨트롤해서, 화면 속 경기장을 가로지르며 제한된 공간을 이동하는데 어떻게 이 정도로 오래 걸릴 수 있는지 이해하기 어려울 것이고, 결국 이런 결론에 다다를 것입니다.

나 : 그냥 팩을 바꿔 끼우고 다른 게임을 하면 되잖아?

아타리ATARI 5200

전설이 된 아타리 VCS(32페이지 참조)가 도입된 지도 5년이나 지났기에, 뒤에 나온 콜레코비전(72페이지 참조)과 같은 고급 제품과 경쟁하기 위해서 새로운 콘솔을 제작할 필요가 있었습니다.
이 새로운 제품은 아타리 5200이라는 이름으로 출시되었으며, 연속되는 시리즈 제품인 것을 알리기 위해 번호를 붙이는 형식으로 바뀌어, 기존 모델인 아타리 VCS의 이름을 아타리 2600으로 다시 바꾸어 붙이게 되었습니다.

이 때 아타리는 확실히 8비트 퍼스널 컴퓨터 제품군에서 다른 회사들과 유리하게 경쟁할 만한 하드웨어를 개발했지만, 확고한 승자의 월계관과 명성을 얻어서 시장을 제패하지는 못했습니다. 따라서 아타리 2600과 5200 두 플랫폼 간에 직접 호환되는 소프트웨어는 없었지만, 이 하드웨어를 시리즈로 출시하여 새 콘솔 게임기의 기반을 구축하는 것이 실리에 맞았습니다.

아타리 5200은 이 시대 대부분의 제품들과는 달리 4개의 컨트롤러 포트를 기본으로 갖고 있어서, 실제로 시끌벅적한 멀티플레이를 즐길 수 있었습니다. 이 컨트롤러 자체는 컨트롤러의 중심에 위치하지 않은 아날로그 조이스틱 아래에 숫자 키패드가 배치되어 있어서, 보기만으론 콜레코비진의 컨트롤러 유닛을 연상시킵니다. 컨트롤러의 위쪽에는 Start(시작), Pause(일시 중지) 및 Reset(리셋) 버튼과 함께, 두 개의 발사 버튼이 양쪽 옆면에

제품 정보

제조 업체 : 아타리 Atari Inc.
CPU : 모스 테크놀로지 MOS 6502C
색상 : 256색
RAM : 16KB
출시일 : 1982년 11월
출시지역 : 북미
출시가격 : $269

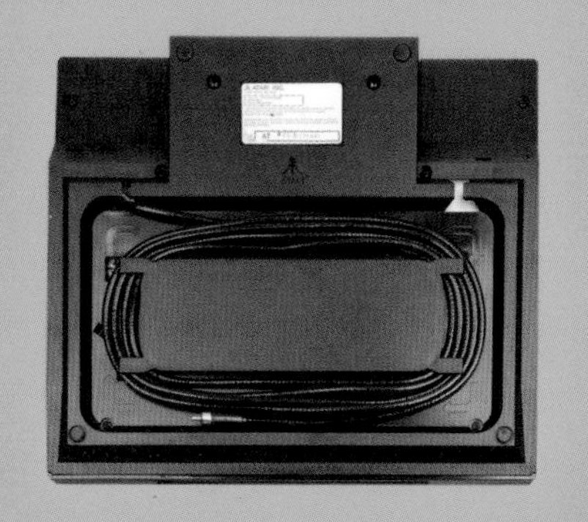

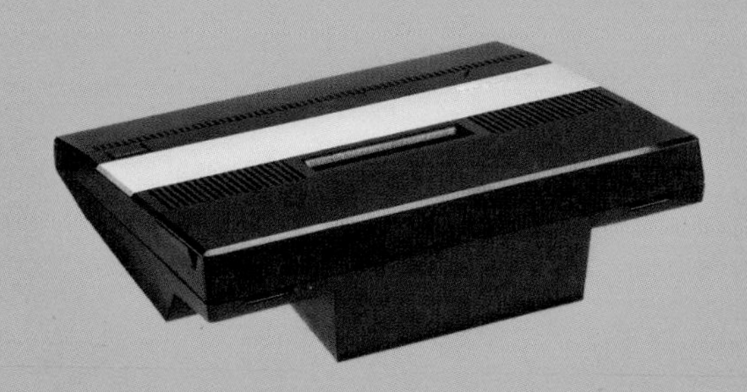

배치되었습니다. 또한 시스템에는 자동 RF 스위치 박스가 함께 제공되어 콘솔을 TV에 쉽게 연결할 수 있었습니다. 이 스위치 박스는 전원 공급 장치를 겸하여 기계 뒷면에 연결할 케이블 갯수를 줄였습니다. 흥미롭게도 1983년 개정판 발매 이후로는 컨트롤러 포트가 4개에서 2개로 축소 되었고, 전원 공급 장치가 스위치 박스와 분리되었습니다.

경쟁 문제

아타리 5200의 최대 경쟁자는 결국 조금 먼저 나온 콜레코비전이었고, 결과적으로는 아타리 5200은 시장에서 판매량의 부진을 겪었습니다. 그리고, 단지 외부와의 경쟁에서 밀린 것 외에도 또 다른 문제가 있었습니다. 자사의 선배 기기인 아타리 2600이 더 게임이 많았기에, 신규 구매자들은 5200보다 게임이 더 많은 2600을 선택했습니다. 결과적으로 메이커들은 종종 2600의 기존 인기작 게임 타이틀을 5200용으로 다시 재탕한 버전을 내서 신규 구매자를 유도하려고도 했습니다.

해서 결국 아타리 5200은 실제 100만대가 넘는 수량을 판매하는 등, 어떤 의미로든 완전히 실패하지는 않았지만, 이전 제품에 비해 더 나아진 모습을 보여주진 못했으며, 해서 주된 경쟁자인 콜레코비전보다 획기적인 인상을 주지 못했습니다. 그로 인해서 결국 아타리 5200은 출시 후 2년 뒤인 1984년 5월 21일에 단종되고 말았습니다.

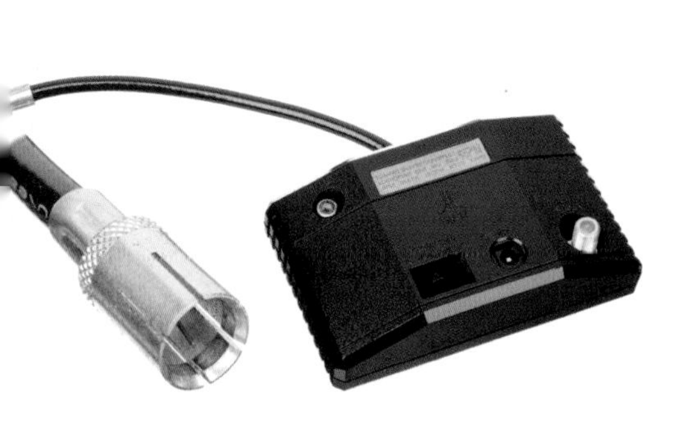

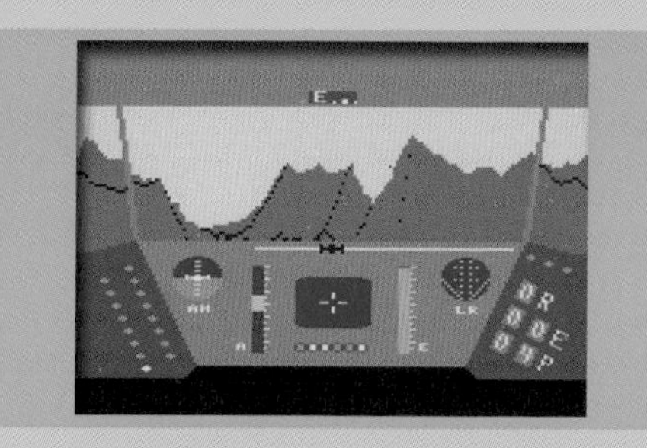

▶ **꼭 눈여겨 볼 게임 : 레스큐 온 프랙탈루스**RESCUE ON FRACTALUS
(Lucasfilm, 1984)

이런 게임이 아타리 5200에서 실행된다는 것은 거의 믿을 수가 없는 일이었습니다. 하지만 여기 루카스필름LUCASFILM의 게임은 프랙탈 기법을 이용하여 그럴 듯한 지형과 풍경을 만들어냈습니다. 모두 1인칭으로 비행할 수 있도록요!

이 불길한 곳에서의 당신의 임무는 추락한 조종사들의 위치를 찾아서 그들을 구해내는 것입니다. 모든 조종사를 구해내면 기함이 단숨에 여러분을 안전한곳으로 이동시킬 것입니다.

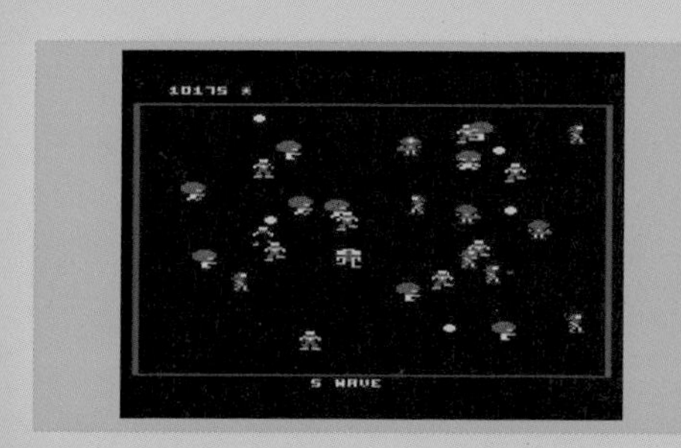

▶ **꼭 해봐야 할 게임 : 로보트론2084**ROBOTRON 2084
(Atari, 1983)

여기에서 본격적으로 트윈 스틱 컨트롤이 도입되었습니다. 한참 뒷 세대 게임 콘솔인 Xbox One의 컨트롤러(208페이지 참조)를 보면 어디에서 영향을 받은 것인지 알 수 있습니다. 분명히 아타리 5200에는 듀얼 아날로그 스틱이 없었지만, 두 개의 컨트롤러라는 옵션이 있었습니다. 따라서 본체의 컨트롤러 보관부에 컨트롤러를 두 개 사서 넣기만 하면 됩니다.

물론 두 개의 컨트롤러를 가지고 있지 않다면, 컨트롤러 하나만으로도 로보트론의 무리들을 저지할 수 있습니다. 하지만 저도 실제로 그렇게 해본 적은 없네요.

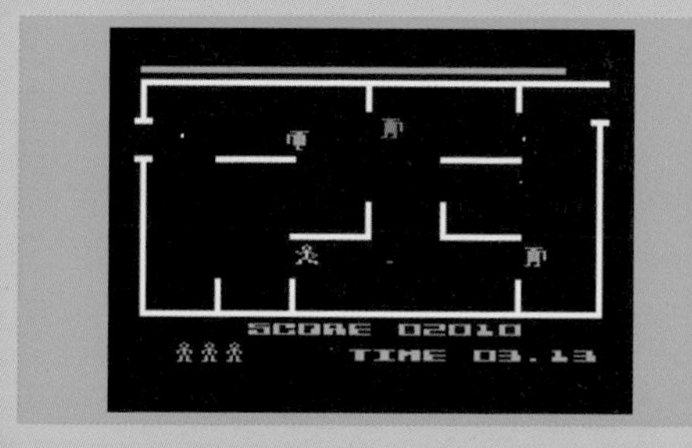

▶ **꼭 피해야 할 게임 : 크-레이지 슛 아웃**K-RAZY SHOOT-OUT
(K-Byte, 1981)

이것은 오락실용 게임 "버저크BERZERK"의 모방작 입니다. 실제로 아타리 5200 용으로 이식된 "버저크"는 매우 훌륭한 게임입니다. 하지만, 이 게임은 전혀 그렇지 않습니다. 허나, 이 게임은 아타리가 아닌 외부 서드파티 개발자의 첫 번째 게임이란 타이틀을 가지고 있으며, 저는 어떤 면으로는 아타리가 자신들이 얼마나 게임을 잘 만들었는지 강조해 보여주기 위해서, 이 부족한 게임을 굳이 판매허가 했다고 생각합니다.

일단 원본 오락실용 "버저크"에는 음성이 들어있습니다만, 이 게임에는 전혀 들어있지 않습니다. 원본 게임은 적의 무리를 헤쳐 나가는 재미가 있었지만, 이 게임은 전혀 그렇지 않습니다. 다만 놀랍게도 이 게임은 일렉트로닉 게임즈Electronic Games라는 잡지에서 최고의 게임이라는 상을 받은 적이 있습니다. 도대체 어떻게 이런 일이 생길 수가 있었을까요?

*파나소닉 등 다수 메이커(Various Maker)
MSX

코모도어의 잭 트러멜Jack Tramiel은 몇 년 전 일본 기기가 북미 시장을 위협하는 것에 대항하여 코모도어 VIC-20(52페이지 참조)을 출시하였습니다. 그리고 이제 MSX 플랫폼을 통해서 이러한 우려의 이면에 있는 실상을 밝혀야할 때입니다.

우리가 이 책에서 살펴보았던 다른 컴퓨터나 콘솔 게임 기기와 조금 달리, MSX는 브랜드나 개별 제품이 아니라 퍼스널 컴퓨터가 설계를 따를 수 있는 표준 규격화된 기술 아키텍처의 이름입니다. 이 아키텍처는 1983년 6월16일에 마이크로소프트에서 발표했고, 일본 마이크로소프트의 부사장(및 아스키ASCII Corporation의 이사)인 니시 카즈히코Nishi Kazuhiko에 의해 시장에 공급되었습니다.

마이크로소프트 BASIC은 이미 히타치Hitachi가 제작한 Basic Master 및 후지츠Fujitsu FM-7과 같은 일본의 PC 제품에 포함되어 널리 사용되었으므로, 당시에 마이크로소프트는 소프트웨어의 교차 호환성을 보장할 수 있는 일련의 통합 표준을 만들어서 PC제조업체들을 유도하려고 했습니다. 제조업체는 자체 제품에 부가 기능을 추가하도록 선택할 수도 있으며, 생산한 하드웨어가 이러한 표준을 준수하는 한, 대규모 소프트웨어 라이브러리를 사용할 수 있었기에, 이러한 호환성 보장으로 여러 기업이 전체적으로 성공할 수 있었습니다(VHS 형식이 비디오 매체 업계에서 성공 했던 것과 거의 동일한 방식으로).

*편집 주

: MSX는 일본에서는 소니, 마츠시타(파나소닉), 산요, 도시바 등등 여러 기업에서 다양한 스팩과 브랜드 이름으로 생산하였고, 한국에서도 대우(아이큐 시리즈), 금성(패미컴 FC-80), 삼성(SPC-800) 등에서 각각 다른 브랜드 이름으로 생산하였다.

제품 정보

제조 업체 : 파나소닉, 산요 등 여러 메이커들에서 각자 생산 제조
CPU : 자일로그 Zilog Z80
출력 색상 : 15색 + 투명
RAM : 8~512KB
출시일 : 1983년 6월
출시 지역 : 일본
보급가격 : 메이커 마다 각각 다름

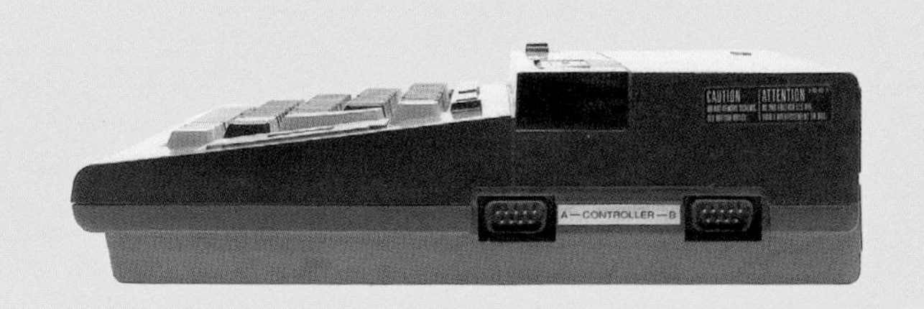

MSX의 초기 표준 사양은 스펙트라비디오Spectravideo SV-328 컴퓨터의 사양에 매우 가까웠고, 부품은 1981년에 출시된 IBM-PC 컴퓨터와 매우 유사하게 기성 부품을 주로 사용했습니다. 다시 메인 CPU가 되어 중심 무대로 돌아온 자일로그 Z80은, 텍사스 인스트루먼트 TMS9918 VDP 그래픽칩과 16KB의 VRAM에, 그리고 제너럴 인스트루먼트의 AY-3-8910 PSG사운드칩에 연결되어 좋은 음향의 즐거움(과 유사한 것)을 선사했습니다.

초기 MSX 시스템을 선택해서 써본 사람들은 ZX 스펙트럼(68페이지 참조) 버전과 유사했던 많은 게임들을 기억할 것입니다. 사실상 동일한 프로세서를 공유하기 때문에, MSX 등장 초기에는 대부분의 개발자들이 처음부터 신작을 개발하기 보다는, 그냥 ZX 스펙트럼의 게임 타이틀을 포팅하는 방식을 선택했습니다. 이런 식의 개발 방식은 최적화가 되지 않은 일부 소프트웨어가 ZX 스펙트럼 버전보다 느린 속도로 실행되는 등의, 성공과 실패를 예측하기 어려운 애매한 결과물을 동시에 낳기도 했습니다.

MSX 컴퓨터의 사양과 성능은 당시의 다른 PC 제품들과 비슷했지만, 결국에는 기대했던 세계적 표준이 되지는 못했습니다. 이 제품은 일본을 중심으로 세계의 일부 국가들에서 잘 팔렸지만, 미국이나 영국에서는 실제로 인기를 얻지는 못했습니다. 이 지역의 PC 시장들은 MSX가 등장할 무렵엔 이미 자국내 브랜드들의 경쟁으로 포화 상태에 이르렀고, 이는 MSX가 애초에 성공 가능성이 낮은 외부인 경쟁자라는 뜻이었습니다. 그래도 일본에서는 다양한 모델이 등장했고, 듀얼 카트리지 포트가 있는 모델도 있었습니다. Pionner PX-V7과 같은 모델은 레이저 디스크 플레이어와 함께 작동하여 컴퓨터의 그래픽이 영상 매체 위로 겹쳐질 수 있는 슈퍼임포즈 기능이 있었습니다. 이런 특수 기능이 있는 모델들은 일부 틈새 시장에 진출했지만, 동시에 이런 일부 소프트웨어는 특정 모델 한정의 고유 기능을 활용하도록 제작되었기에 결과적으로 MSX의 본래 모토와는 다르게 소프트웨어의 호환성에서 격차가 발생했음을 의미하기도 합니다.

그래도 나름 성공을 거두었기에, 총 4세대의 MSX가 출시되는 결과로 나타났습니다. 이 시리즈는 1985년에 MSX2, 1988년에 MSX2+, 1990년에는 MSX TurboR으로, 꾸준히 핵심 개념과 스팩을 개량해 나갔습니다. 그리고, MSX2에서는 인기 게임 시리즈 "메탈 기어Metal Gear"가 출시되면서 게임 소프트웨어 라인도 대대적인 개선이 이어졌습니다.

▶ 꼭 눈여겨 볼 게임 : 꿈대륙 어드벤쳐PENGUIN ADVENTURE (Konami, 1986)

이 게임은 재미있게도 "남극탐험"의 속편이며, 제가 이미 언급한 콜레코비전 판(75페이지 참조)과 마찬가지로 부드러운 동작을 만들어주는 몇 가지 트릭을 사용했습니다. 또한 코지마 히데오Kojima Hideo("메탈 기어"로 유명한)가 제작에 관련된 첫 번째 게임이기도 합니다.

다양한 스테이지와 적들에다 심지어 보스 전투까지 추가되어 전작 게임을 보다 확장하였으며, 주된 볼거리는 역시 전작과 마찬가지로 이동할수록 빠르게 다가오는 광활한 풍경입니다. 동굴이 거의 살아있다고 느껴질 정도로 잘 만들어진 터널 구간은 흥미롭지만, 풍경에 너무 사로잡히면 여러분도 모르게 위험한 구덩이에 빠지게 될 것입니다.

▶ 꼭 해봐야 할 게임 : 마성전설2 가리우스의 미궁THE MAZE OF GALIOUS (Konami, 1987)

피해야 할 것과 수집할 것들로 가득 찬 다양한 미로형 성들 안에서 벌어지는 이 게임 「마성전설2 가리우스의 미궁」은 실제로 초기형 '매트로바니아'부류의 게임("메트로이드METROID"와 "악마성 드라큐라CASTLEVANIA"가 합쳐진 하위 장르)으로, 플레이어가 일련의 선형 레벨 구성의 스테이지 격파로 스토리만 따라가는 수준에서 멈추지 않고, 광활한 게임 속 세계를 탐험할 수 있게 해주었습니다. 또한 MSX의 2번 슬롯(이 있는 경우)에 다른 코나미 게임 카트리지를 꽂으면, 게임 종류에 따라서 다양한 보너스를 제공하는 게임 중 하나이기도 했습니다.

사실 본작은 "마성전설Knightmare"이라는 게임의 속편이지만, 스크롤 슈팅 게임인 전작과 이 게임은 플레이의 방향성이 크게 다릅니다.

▶ 꼭 피해야 할 게임 : 조이드ZOIDS (Martech Games, 1986)

이 게임은 ZX 스펙트럼, 암스트래드 CPC시리즈 및 코모도어 64에서도 출시되었는데, 그 중에서도 MSX 버전이 의심할 여지없이 최악의 버전입니다. 출시 당시에는 의견이 분분한 게임이었고 지금도 물론 그렇겠지만, 저에게는 그저 반갑지 않은 경험이었을 뿐입니다.

플레이는 정면을 향한 프론트 뷰 전투와 오버헤드 톱 뷰 화면으로 나뉘는데, 톱 뷰는 스파이더조이드라고 알려진 일종의 기계와 인간이 합쳐진 존재를 조작하는 부분입니다. 이 하이브리드 진행 방식을 통해서 여러분이 해야 할 일은 조이드질라라고 불리는 다른 기계의 6가지 부분을 모으는 것입니다.

게임 플레이는 스토리 라인만큼이나 여러 가지 센스로 복잡한 의미를 내포하고 있습니다.

세가SEGA
SG-1000

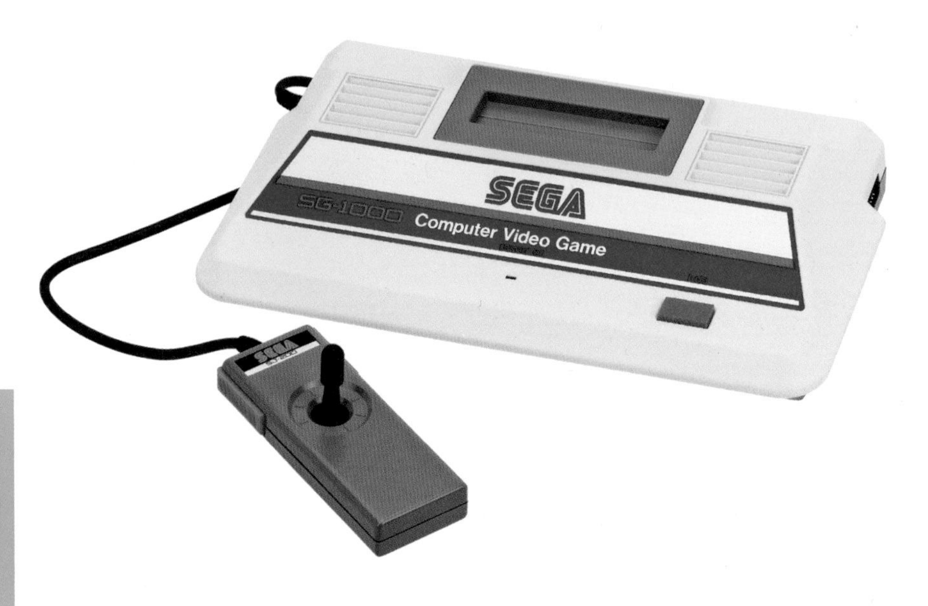

게임개발사 세가는 일본과 매우 밀접한데, 사실 일본에 회사의 본사가 있기 때문이지요. 그러나, 실제 세가라는 회사는 본래 미국인이 설립한 두 개의 회사가 합병한 회사입니다. 두 명의 미국인 사업가가 운영하던 서비스 게임즈Service Games와, 일본에 주재하던 미국인 장교 데이빗 로젠David Rosen이 코인 게임기를 수입하던 로젠 엔터프라이즈Rosen Enterprises가 합병하여 세가가 설립되었습니다.

세가는 1970년부터 1980년 초반까지 주로 오락실용 게임을 중심적으로 취급하다가, 1983년 7월에 이르러 세가 컴퓨터 비디오 게임 시리즈가 되는 SG-1000 모델으로 가정용 콘솔시장에 진출하기로 결정하여 발매하였습니다. 이 콘솔은 주로 일본에서 출시되고 판매되었지만, 호주를 비롯해 세계의 다른 지역 몇몇 국가에도 진출했습니다.

자일로그의 Z80 CPU로 종합 처리를 하며, 1KB RAM에 2KB VRAM 및 그래픽과 사운드를 담당하는 VDP로 익숙한 텍사스 인스트루먼트 사의 칩을 구동하는 것을 통해, 사양과 기능면 에서는 콜레코비전 (72페이지 참조)과 매우 유사했습니다. 덕분에 두 기종의 게임을 나란히 놓고 1대1 비교를 해보면 그 차이를 알아차리기 힘든 수준이었습니다.

제품 정보

제조 업체 : 세가 SEGA
CPU : 자일로그 Zilog Z80
출력 색상 : 16색
RAM : 1KB RAM + 2KB VRAM
출시일 : 1983년 7월
출시지역 : 일본
출시가격 : ¥15,000

정확히 같은 날에 출시되었고 더 나은 사양을 갖추었던 그 '경쟁자'가 없었더라면, 세가는 이 제품으로 일본 시장을 재패한 승자가 될 수 있었을 것입니다. 세가의 경쟁자는 바로 그 닌텐도 패미컴Nintendo Famicom이었습니다 (잠시 후에 알아볼 것입니다. 96페이지 참조).

그럼에도 불구하고 SG-1000은 다음 해에 이어서 SG-1000 II 라는 후속 모델을 출시했고, 실제로 계속 후속 모델을 만들 만큼 충분히 잘 팔렸습니다. 이 후속 모델은 기술적으로 매우 유사했으며, 닌텐도 패미컴에 대한 대항마로 출시되었습니다. 그리고, 기존 모델의 유선 연결 조이스틱과 사이드 버튼에 비해서, 훨씬 더 친숙해 보이는 분리식 컨트롤 제어 패드를 가지고 있었습니다. 게임기 내부 부품들의 구성과 마찬가지로, 이 조이스틱은 숫자 키패드가 없는 콜레코비전의 컨트롤러와 외관적으로 매우 유사했습니다.

▶ **꼭 눈여겨 볼 게임 : 걸즈 가든GIRL'S GARDEN**
(Sega, 1984)

비록 하드웨어 발매 초기 단계에서 등장했지만, (이후 "소닉 더 헤지혹"의 제작자가 되는) 나카 유지Naka Yuji가 개발한 이 게임은, 언뜻 보면 더 강력한 하드웨어에서 실행되는 것으로 착각할 만큼 놀라운 그래픽을 자랑했습니다.

여러분의 목표는 파프리라는 시골 소녀를 움직여서 남자친구의 사랑을 얻는 것입니다. 아마도 그다지 설득력 있는 스토리는 아닐지도 모르지만, 화사하고 수려하게 구성된 시골 풍경을 통해 이상하리만큼 집중하여 플레이하게 될 것입니다.

▶ **꼭 해봐야 할 게임: 걸케이브GULKAVE**
(Sega, 1986)

여러분은 슈팅 게임 "알타입R-TYPE"을 상상해 보십시오. 더 나아가 투박한 옛날 그래픽의 "알타입"이 있었다고 해봅시다. 그러면, 그 게임이 바로 이 「걸케이브」입니다. 화려한 폭발 이펙트에, 만족스러운 멜로디, 그리고 상쾌하고 반응이 빠른 액션이 결합된 슈팅 게임입니다. 만약 이 게임이 몇 년만 빨리 출시되었더라면, 콘솔의 판매량에 도움을 주었을 것입니다.

여러분의 목표는 길을 가로막는 적들과 더불어 8개의 요새를 파괴하는 것입니다. 중간중간 여러분의 여정에 도움이 될 만한 여러가지 파워 업 아이템을 획득할 수 있습니다.

특히 이 게임은 하드웨어의 한계와 ROM카트리지의 작은 용량을 감안할 때 각각 다른 배경을 가지는 30개의 스테이지를 제공하는 점에서 매우 대단하다고 할 수 있습니다. 그 뿐만 아니라 제한적인 다중 스크롤 표현이 포함되어 있기에, 반드시 한번 꼭 해봐야만 합니다.

▶ **MUST AVOID: 팝 플레이머POP FLAMER**
(Sega, 1983)

겉보기에는 "팝 플레이머"는 훌륭한 게임처럼 보입니다. 적어도 몇 분 정도는 기꺼이 할 만한 게임처럼 보이네요…. 하지만 제가 미리 말씀드리는데 기본 제공 되는 컨트롤러로 플레이한다면, 이건 정말 믿을 수 없을 정도로 짜증날 것입니다.

플레이어는 화염방사기로 무장한 생쥐를 플레이하며, (물론) 여러분은 무자비하고 끈질긴 적들을 피해 풍선을 터트리며 진행해야 합니다. 부드러운 스크롤 기능을 제공하지만, 아쉽게도 뼈가 울릴 정도로 찢어지는 음악과 여러가지 좌절스런 요소들로 인해, 누구라도 이 기능을 감상할 수 있을 만큼 오랫동안 플레이할 수는 없습니다.

닌텐도NINTENDO FAMICOM / NES (한국명: 현대 컴보이)

이 닌텐도 패미컴Nintendo Famicom은 이 책에 등장하는 여러 콘솔 기기 중에서도 실제로 가장 중요한 기기일 수도 있고, 적어도 가장 널리 알려진 기기일 수도 있습니다. 닌텐도는 패미컴이 발매되기 전에도 이미 여러 아케이드 게임을 출시하여 큰 성공을 거두었습니다. 이 중에는 "스페이스 파이어버드Space Firebird"와 "동키 콩"이 포함되어 있습니다. 곧이어 닌텐도는 일본 국내와 해외 시장으로 눈을 돌렸고, 미국 콘솔 기기인 콜레코비전의 인상적인 성능에 영향을 받아 저렴한 ROM 카트리지 기반 게임용 시스템을 개발하기로 결정했습니다(72페이지 참조).

1983년 7월 15일에 일본에서 처음 출시된 패미컴, 정식 명칭은 "닌텐도 패밀리 컴퓨터Nintendo Family Computer"인 이 게임기 콘솔은 오락실에서 이미 흥행한 "동키 콩", "동키 콩 쥬니어Donkey Kong Jr." 및, "뽀빠이Popeye"의 3가지 아케이드 게임과 병행하여 출시되었습니다. 초기 시스템은 기기 구성의 문제에도 불구하고 세가의 SG-1000(92페이지 참조)에 비교하면 약간 더 우수한 기능과, 아케이드에서 이미 널리 알려진 닌텐두의 브랜드 네임이 결합된 결과 끝에, 패미컴은 1984년이 되기 전에 베스트 셀러 콘솔이라는 타이틀을 획득했습니다.

제품 정보

제조 업체 : 닌텐도 Nintendo
CPU : 모스 테크놀로지 MOS Technology 6502 호환 커스텀 칩
출력 색상 : 48색 (+6 회색)
RAM : 2KB
출시일 : 1983년 7월
출시지역 : 일본
출시가격 : ¥14,800

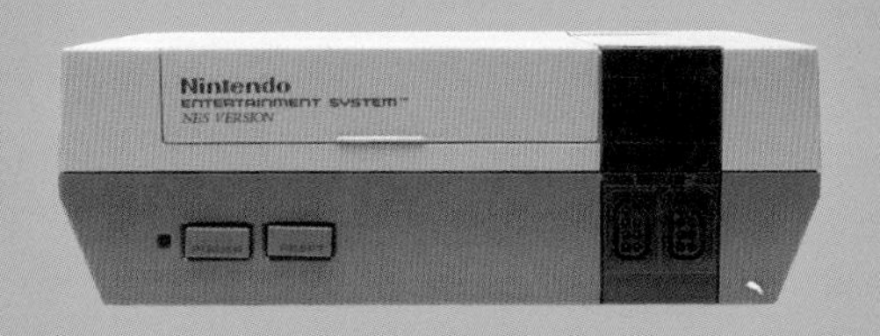

패미컴의 성공으로 닌텐도는 북미 전역에 이 콘솔 시스템을 유통하기 위해 시장 조사를 시작했습니다. 처음에는 닌텐도가 아타리에게 자신들의 콘솔을 대행해서 유통하기 위한 거래를 계약하기로 했지만 여러 이유로 무산되었으며, 결국 닌텐도가 스스로 유통하기로 결정했습니다. 패미컴의 미국 버전이 될 새로운 기기는, 북미 시장에 더 어울릴 법한 일반적인 가정용 VHS 비디오 카세트 플레이어처럼 보이도록 전체적으로 리모델링 되었습니다. 또한 패미컴의 기기 위쪽에서 ROM카트리지를 꽂듯이 삽입하는 탑 로딩 방식의 슬롯이 아니라, 기기 앞 부분이 가동하여 테이프를 넣는 VHS기기처럼 앞으로 ROM카트리지를 꽂는 프론트 로딩 방식의 '제로 포스 카트리지 슬롯'을 개발하여 적용하였고, 이런 새로운 리모델링과 함께 이름도 바뀌어 NES(Nintendo Entertainment System)로 세상에 출시되었습니다.

NES(닌텐도 엔터테인먼트 시스템) 출시

패미컴의 북미형 버전인 NES는 1985년 10월 테스트 시장에서 첫 선을 보였고, 이듬 해 초에 17개의 런칭 타이틀 게임들과 함께 전 미국에 출시되었습니다.

이 새로운 시스템은 순수하게 게임기로써 취급받았으며, 초기 옵션으로 R.O.B.(Robotic Operating Buddy)가 번들로 함께 제공되어, 1983년 비디오 게임 쇼크 발발 이전부터 존재하던 다른 비디오 게임들과는 다르게 완선히 새로운 경험을 선사했습니다. 사실 R.O.B.는 아이들에게 자신감을 심어주고 매력을 느끼도록 하기 위한 어필용 술책이였을 지도 모르지만, 다른 사람들과 마찬가지로 그들에게 콘솔게임이 좋은 경험으로 남게 도와주었습니다. 그리고 닌텐도 게임은 심도 있고 흥미진진하며 몰입감을 유지하도록 도와주는 다양한 요소를 제공했습니다. 이런 점은 홈 게이밍 시스템이 오락실 게임기와 경쟁자로 필적할 수 있는 요소였습니다.

1986년 말 NES는 마텔Mattel을 통해 처음 유럽에 진출했지만, 충성도 높은 고객층을 갖고 있던 유럽의 다른 가정용 기기들로 인해 NES는 판매가 부진하였습니다. ZX 스펙트럼(68페이지 참조)와 같은 기기의 게임은 단 몇 파운드에 구입할 수 있는 반면 NES의 카트리지는 그 가격의 10배 이상이었습니다. 이는 시장에의 침투 속도가 느리다는 것을 의미했지만, 할인과 더불어 다양한 매력적인 게임의 출시를 통해 1990년대 초반이 되면서 매출은 점차 수백만 단위로 증가했습니다. 호주에서는 1987년에 세가 마스터 시스템Sega Master System과 동시기에 출시되었습니다(120페이지 참조).

NES가 미국에서 1990년대까지 계속 인기를 유지하면서, 그 덕분인지 1993년에는 슈퍼 패미컴의 디자인과 기존의 일본판 패미컴과 같은 탑 로딩 시스템을 도입하여 재설계된 NES-101이 출시되기도 했습니다.

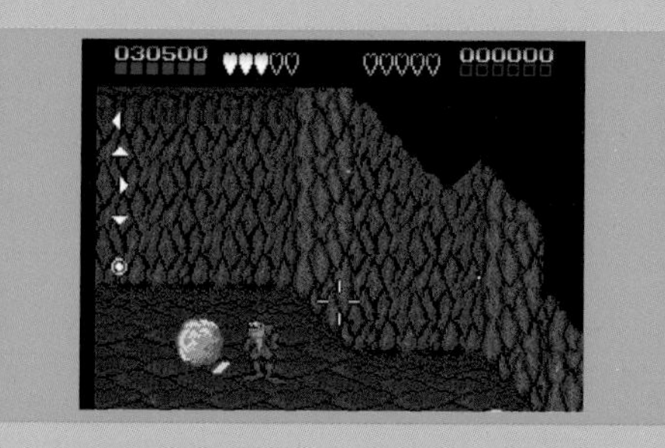

▶ 꼭 눈여겨 볼 게임 : 배틀토드 BATTLETOADS
(Tradewest, 1991)

저는 이 게임이 유명한 영국 CITV의 게임 쇼인 '배드 인플루언스 Bad Influence'에 나왔던 때를 생생하게 기억하고 있습니다. 진행자인 앤디 크레인Andy Crane이 이것이 그저 NES 게임 중 하나라고 말했을 때, 저는 그들이 실수를 하고 있다고 확신했습니다. 저는 이미 여러 가지 NES게임을 보았고 대체로 만족스러웠지만, 그때까지 이처럼 멋진 것은 본 적이 없었기 때문입니다.

그 색감을 잘 살린 두꺼비들이 내려올 때 저는 솔직히 SNES의 타이틀이라고 생각했습니다. 하지만 그렇지 않았습니다. 제가 틀렸었고, 이것은 NES의 타이틀이었습니다, 맙소사! 이 게임은 정말로 이 작은 레트로 시스템의 한계를 넘었던 것인가요?

이 게임은 생생한 색상과 세밀한 만화 같은 스프라이트를 가지고 있으며 모든 것이 아주 부드럽게 작동합니다. NES나 패미컴이 과연 얼마나 완벽하게 최대 성능으로 구동하는지 제대로 소개가 필요하다 싶다면, 이 게임에서부터 설명을 시작하시면 됩니다.

▶ 꼭 해봐야 할 게임 : 슈퍼 마리오 브라더스 3SUPER MARIO BROS. 3
(Nintendo, 1988)

1988년 일본에서 첫 선을 보인 "슈퍼 마리오 브라더스"의 세번째 시리즈는 1990년에 미국시장에, 1991년에는 나머지 국가에 출시되었습니다. 이 즈음은 게임 발매 시기가 세계 각 지역 별로 따로 놀았는데, 이 게임은 어디서든 발매를 기다릴 만한 가치가 있는 게임이었습니다. 마리오 시리즈 1편을 기반으로 새로운 버전으로 릴리즈되어 새로운 적, 세계 지도, 새로운 액션, 그리고 몇 가지 언급할 만한 새로운 파워업 등등이 포함되어 있습니다.

물론 우리의 배관공 형제들은 여전히 놀라운 재미를 가지고 돌아왔으며, 게임에서 제공하는 것의 다양성과 범위가 이 게임을 최고의 필수 게임으로 만들어 주었습니다. 여러 요소 중 일례로, 각 성으로 가는 진행 경로를 선택할 수 있는 기능을 들 수 있는데, 이것은 액션 만으로 꽉 찬 플랫폼의 레벨 디자인 수준을 벗어나 자유로운 선택의 허용과 다양성을 제공했습니다.

많은 사람들이 이 게임은 역대 최고의 게임이라고 찬양했으며, 또한 이 게임으로 인해 유럽 시장에서 패미컴이란 콘솔이 성공을 거두게 된 것은 두 말할 것도 없습니다.

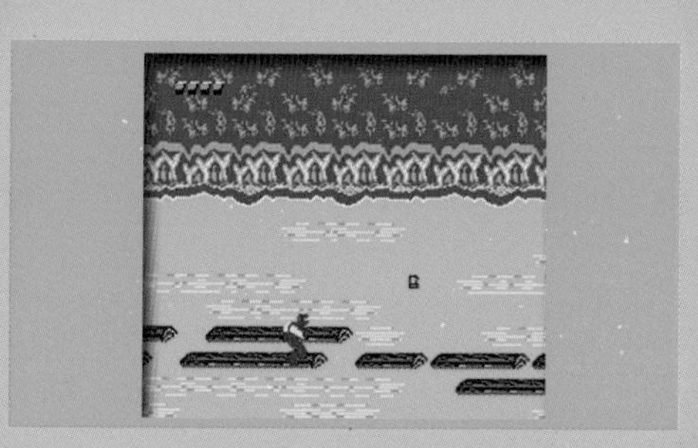

▶ 꼭 피해야 할 게임 : 액션52ACTION 52
(Active Enterprises, 1991)

저는 공식 라이선스가 없는 이 합본 게임을 여기에 수록해야 할지 고민했습니다. 그러나 비허가 게임은 대부분의 다른 플랫폼에서도 존재하고 있으며, 이것이 얼마나 나쁜 지에 대해 고려한다면 경고를 위해서라도 포함시키는 것이 적절하다고 판단했습니다.

아마도 여러분은 이미 이 게임에 대해 알고 있을 것입니다. 여러 해설가들과 비평가들이 이미 수년 동안 이 게임을 언급했으며, ZX 스펙트럼의 게임 합본 카세트50과 많은 점에서 유사합니다.

이 게임은 52개의 잡다한 게임들을 포괄하고 있는데, 사실 그것이 이 게임 카트리지를 구매나 사용하지 말아야 하는 이유이기도 하죠. 대부분은 너무 급하게 만들어서 심각한 게임 결함과 오류를 포함하고 있었으며, 여러 유통과 판매업체들이 가격에 민감한 소비자들에게 어필하려고 했던 것인지 모르겠지만 이 카트리지의 가격은 무려 199달러에 달했습니다. 아마도 같은 가격에 못생긴 감자 52개를 무작위로 사는 편이, 이 게임 팩보다 더 많은 오락성과 가치를 얻을 수 있었을 것입니다.

아콘ACORN ELECTRON

현재에 돌이켜 보면 싱클레어와 아콘 컴퓨터 간의 경쟁은 참 전설적이었습니다. 한 쪽에는 싱클레어의 전 직원인 크리스 커리Chris Curry가 있는데 그는 BBC Micro(60페이지 참조)에서 훌륭하게 일했지만 게임 시장의 파이 한 조각 지분을 원했고, 다른 한 쪽에는 전문가 및 교육 시장의 일부를 원하는 클라이브 싱클레어가 있었습니다. 아콘 측에서 볼 때 그들의 욕구에 대한 해결책은 분명해 보였습니다. 즉 BBC Micro의 크기를 줄이고 가격을 인하하여 게임 시장에 내놓는 것입니다.

그 결과로 BBC Micro의 풀 스트로크 키보드 스타일을 채용했지만, 기기 크기와 가격에서 그 절반 정도였던 아콘 일렉트론Acorn Electron이 탄생했습니다. 이를 달성하기 위해 많은 타협과 절충을 해야 했는데, BBC Micro의 많은 개별기능들이 페란티 세미컨덕터Ferranti Semiconductor에서 생산한 ULA언커밋 로직 어레이로 대체되었습니다. 이는 일렉트론이 기존 빕Beeb(BBC Micro의 애칭)용 소프트웨어 중 다수와 호환되지 않는다는 것을 의미했습니다. 싱클레어와 마찬가지로 일렉트론의 목표는 결국 가격이었습니다.

제품 정보

제조 업체 : 아콘 컴퓨터 Acorn Computers
CPU : 모스 테크놀로지 MOS Technology 6502
출력 색상 : 16색
RAM : 32KB
출시일 : 1983년
출시지역 : 영국
출시가격 : £199

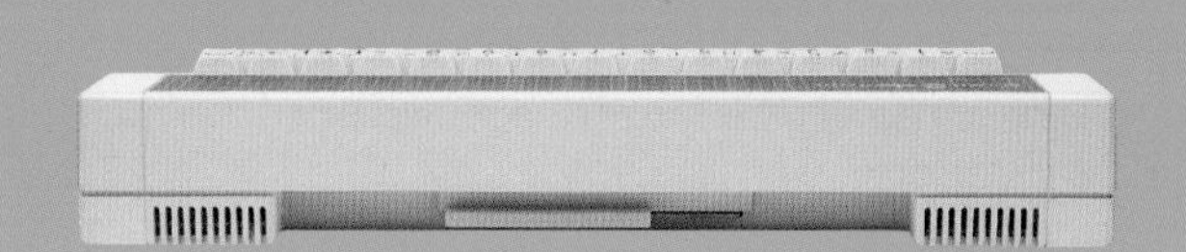

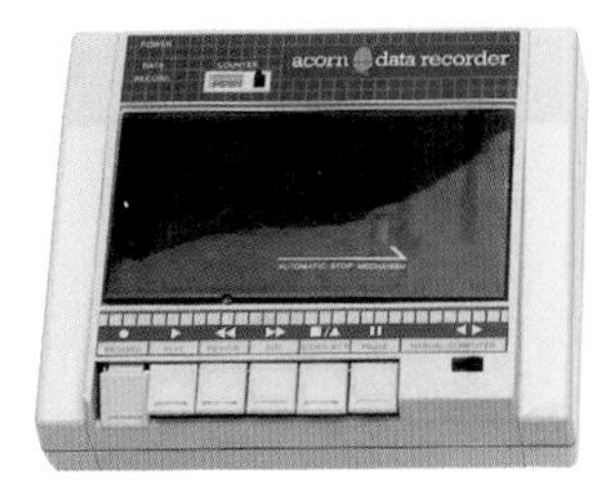

이 제품은 학교 밖에서도 사용할 수 있는 제품으로 출시되어, 일반 가정을 목표로 하는 가정용으로 광고되었습니다. 당시 아이들의 형과 같은 기기들과, 똑같은 BASIC 프로그래밍 언어를 공유하면서 아이들은 학교에서 배운 내용을 집으로 돌아와서도 일렉트론으로 복습하면서 배운 언어를 사용할 수 있었으며, 그와 반대로도 할 수 있었습니다. 또한 게임 라이브러리에서 많은 선택이 가능했으며, 여전히 고무 키보드를 사용하는 ZX 스펙트럼 사용자들을 비웃을 수 있었습니다.

생산 문제

하지만, 앞 내용처럼 마냥 결과가 순조롭지는 않았습니다. 생산성의 문제로 일부의 재고만 1983년 크리스마스에 맞춰 출시되었고, 결국 시기를 놓친 아콘은 1984년 2월까지 엄청난 재고품을 떠안게 되었습니다. 여러모로 1984년 영국 업계는, 1983년 비디오 게임 쇼크가 일어난 미국 시장의 상황과 닮았습니다. 그리하여 ZX 스펙트럼과 같은 경쟁모델은 가격을 인하하여 판매하고 있었으며, 이는 아콘도 마찬가지로 어쩔 수 없이 같은 할인 조치를 취해야 했습니다. 하지만 일렉트론의 높은 생산비용은 아콘이 기계를 팔수록 손실을 보게 했습니다.

이렇게 악화된 재정 상황 때문에 결국 1985년에는 올리베티Olivetti가 아콘을 사들여서 인수하게 되며, 남는 일렉트론 재고는 딕슨스Dixons와 같은 소매 업체에게 덤핑되었습니다. 그러나 흥미롭게도 일렉트론은 재고 처리로 더 싸진 가격 덕에 매력적인 대안품으로써 다시 인기를 모았고, 결국 1990년대까지 계속 이 하드웨어 용으로 게임이 제작되는 결과를 낳았습니다.

▶ 꼭 눈여겨 볼 게임 : 라스트 닌자THE LAST NINJA
(Superior Software, 1988)

이 게임은 코모도어64(C64로 줄임. 64쪽 참조)와 관련된 등각 쿼터뷰 시점 액션 게임입니다. 이 게임이 주목 받을 이유는 C64에서 넘어온 이식작인데 C64쪽 만큼이나 깔끔하게 실행되었기 때문입니다. 하지만 피터 스콧Peter Scott은 기존 RAM용량의 절반 이하에 이 게임의 모든 즐거움과 장점을 원본처럼 유지하면서 압축해 넣어 재구성하는데 성공했습니다.

"라스트 닌자"에서 여러분의 목표는 신화 속 쇼군의 땅을 여행하며 인술 두루마기를 되찾는 것입니다. 어려운 일이지만 당신의 믿음직한 아콘 일렉트론으로 무장한다면 문제없을 것입니다.

▶ 꼭 해봐야 할 게임 : 렙톤REPTON
(Superior Software, 1985)

마리오 및 소닉과도 마찬가지로 이 "렙톤"은 전 세계에서 인기 있는 캐릭터입니다. 물론 당연히 앞의 두 캐릭터보다는 마이너하지만, 당시 많은 영국의 아이들은 렙톤 캐릭터의 스프라이트를 보여주면 바로 알아보았습니다.

렙톤으로써 여러분이 할 일은 바위와 흙을 옮기고, 각종 생물들을 쓰러트리고 다이아몬드를 모아 탈출하는 것입니다.

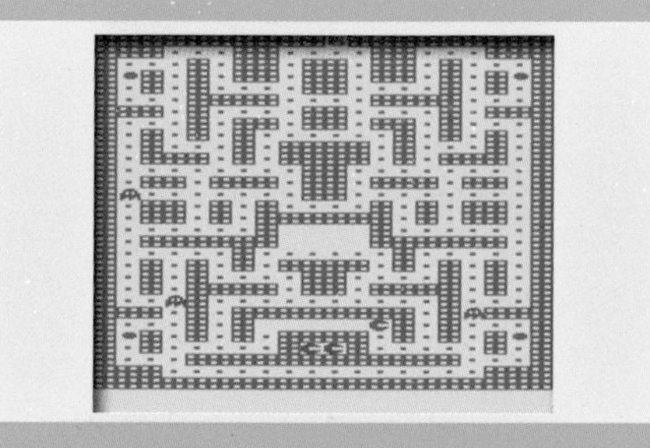

▶ 꼭 피해야 할 게임 : 먼치맨MUNCHMAN
(Kansas City Systems, 1986)

우리는 이미 좋은 "팩맨"의 아류작(VIC-20의 "젤리 몬스터즈" : 55페이지 참조)을 살펴보았습니다. 이것은 동전의 반대면 같은 부류입니다. 제가 "먼치맨"이라는 제목을 정말 좋아하기 때문에 더욱 아쉽지만, 이 게임을 하며 겪은 경험은 제 취향의 제목에서 받은 첫 인상에는 결코 미치지 못했습니다.

이 게임의 지루할 정도로 느린 속도는 둘째 치고 문제의 핵심을 짚어보면, 일단 미로는 완전히 배치가 잘못되었으며, 구조 변화가 없어서 다른 기기의 비슷한 작품들에 비해 더 나은 부분이 없습니다.

암스트래드AMSTRAD CPC

영국은 1983년에 일어난 비디오 게임 시장 붕괴의 쇼크에서 미국과 일본보다는 영향을 덜 받았을 수 있었지만, 1984년과 1985년에 비슷한 상황을 겪었으므로 이 기간 동안에 출시된 컴퓨터는 어떤 기종이라도 시장에서 실패할 것이라 예상되었습니다. 그러나, 앨런 슈거Alan Sugar의 암스트래드는 경쟁이 정체된 동안에 시장의 격차를 파악하고 이를 메울 수 있는 능력을 갖춘 회사였습니다.

암스트래드 CPCColor Personal Computer는 그런 험한 시기에 출시된 기기들 중 하나였고, 단순성이라는 단일 아이디어를 염두에 두고 제작되었습니다. 앨런 슈거는 그런 와중에도 성장하고 있는 당시의 PC시장을 몰랐던 것은 아니지만, 이 격한 시장 경쟁을 직접 보았을 때 당시 일반 소비자들에게는 컴퓨터 한대를 가정에 설치하는 일 자체가 '비싼 악몽'같은 것일 수도 있다는 것을 깨달았습니다. 그는 당시에는 최선의 선택으로 자체 모니터와 함께 제공되는 저가형 기계를 제작했는데, 이 컴퓨터에는 전원 용과 비디오 용으로 단 2개의 코드만 있으면 되었습니다. 이 두 코드는 모니터에 고정되어 있으며, 모니터에는 단일 전원 공급 장치도 포함되어 있었습니다. 즉 실제 전원 플러그는 단 하나 뿐이었습니다. 이것은 슈거가 말했듯이 "트럭 운전사와 그의 아내를 위해" 설계된 제품이었으며, 이 접근 방식은 이 제품이 시장에 먹혔고 잘 팔렸다는 것을 의미하게 되었습니다.

제품 정보

제조 업체 : 암스트래드 Amstrad
CPU : 자일로그 Zilog Z80A
출력 색상 : 16색
RAM : 64KB
출시일 : 1984년 6월
출시지역 : 영국
출시가격 : £249(그린 스크린) / £359(컬러 스크린)

하드웨어적 측면에서 CPC는 ZX 스펙트럼(68페이지 참조)과도 매우 유사하지만, AY-3-8912 PSG 사운드칩을 사용하였습니다. 이러한 유사성 덕분에 개발자들은 자신의 게임을 스펙트럼에서 CPC로 쉽게 이식할 수 있었고, 사용자들은 풍성한 게임 타이틀을 공급받았습니다.

그린 모니터나 컬러 모니터를 선택해 구매할 수 있었고, 이듬 해에 디스크 기반 버전이 출시되어 가정 소비자뿐만 아니라 비즈니스용의 서비스 툴 프로그램을 제공했습니다. 또 슈거의 중요 전략 중 하나는 제품 하나마다 12개의 타이틀을 번들로 제공해 파는 것이었습니다. 이들 중 대부분은 암스트래드가 자체적으로 준비한 게임이었으며, 또한 '이지 암스워드Easi Amsword' 워드 프로세서와 같은 생산성 응용 프로그램도 있었습니다.
이는 부모와 자녀 모두가 CPC를 선택해야 할 충분한 이유가 되었고, 이 세트는 1980년대 영국에서 3번째로 성공적인 PC(ZX 스펙트럼과 코모도어64의 다음 가는)의 위치가 되었습니다. 암스트래드의 세계 시장에서의 성적도 좋았습니다. CPC는 프랑스에서도 선택되었고, 슈나이더Schneider라는 브랜드로 판매된 독일과 스페인 같은 유럽 타국에서도 좋은 성과를 거두었습니다.

마지막 모델

원래 초기형 CPC 464 모델과 플로피 디스크 장착형 664 모델에 이어서, CPC 6128이라는 128KB RAM과 추가 확장 업그레이드가 적용된 플러스 레인지로 불리는 확장 모델들이 이후 1990년에 출시되었습니다. 그 밖에 GX4000이라는 콘솔 게임기로 변형된 모델도 있었지만, 이미 타 기종과의 경쟁에 뒤쳐지고 사용 가능한 소프트웨어도 부족한 상황이라 더 이상의 확장은 어렵게 되었습니다.

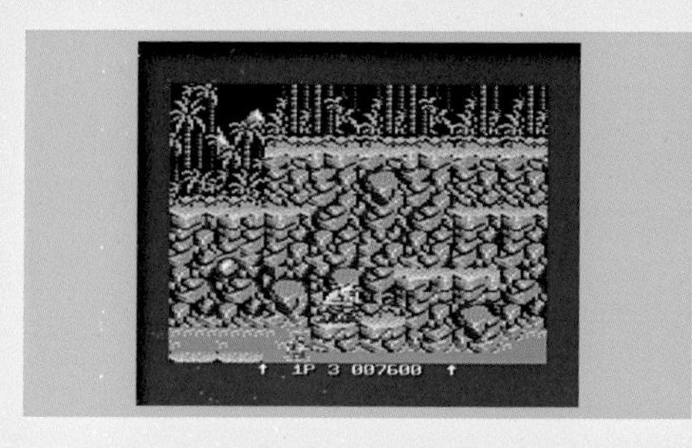

▶ 꼭 눈여겨 볼 게임 : 그라이저GRYZOR (Ocean Software, 1987)

세계적으로는 콘트라Contra(혼두라)로 잘 알려진 이 게임의 암스트래드 CPC 이식판은 아마도 아케이드 이식 중 가장 좋은 것 중 하나이고, 소박한 CPC 능력의 최대치를 바로 보여주는 최고의 게임입니다. 이는 플레이의 즐거움 만이 아니라 화면을 가득 채우는 색과 디테일에 놀라움을 느끼게 했습니다. 플레이 필드에 스크린 모드0로 16가지 색상이 잘 구현되었습니다.

만약 이 완성도로 1988년 당시에 리얼타임으로 플레이했다면, 저는 정신을 차리지 못하고 이 게임에 푹 빠져들었을 것입니다. 다행이도 당시에는 이 게임을 접하지 못했고, 지금 더 편안하게 이 게임을 하면서 그때 당시의 이야기를 감상으로 남깁니다.

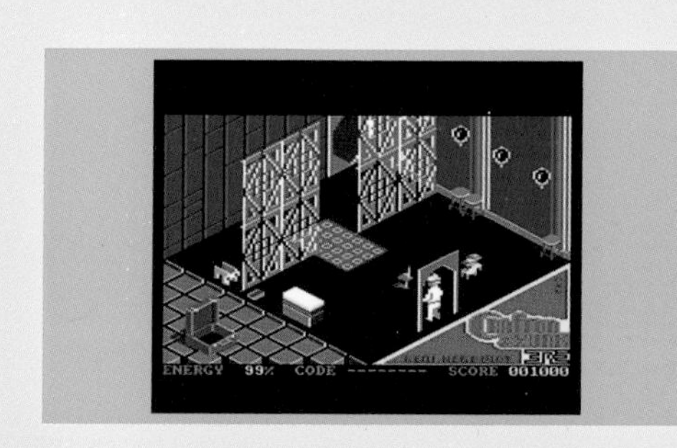

▶ 꼭 해봐야 할 게임 : 겟 덱스터GET DEXTER (PSS, 1986)

"겟 덱스터Get Dexter"는 암스트래드 CPC의 첫 번째 쿼터 뷰 시점 게임은 아니지만, 확실히 가장 재미있는 게임입니다.

앞 부분에 소개된 "나이트 로어"같은 비슷한 게임 대부분은 ZX 스펙트럼의 그래픽 그대로 이식되었지만 (그래서 거의 단색 위주였지만), 이 "겟 덱스터"는 여러 색상으로 가득 차 있습니다.

프랑스에서는 "크래프톤&썽크Crafton&Xunk"로 알려진 이 영국의 게임은, 주인공 덱스터Dexter에 중점을 두고 스토리가 진행됩니다. 덱스터로써 여러분의 임무는 중앙 컴퓨터 제어 센터에 침투해서 메모리를 복사하여 이 거대한 컴퓨터가 파괴되기 전에 지구의 생존을 보장하는 것입니다.

아타리ST(112페이지 참조)를 하고 있다고 생각하면 이 게임에 쉽게 적응할 수 있을 것입니다. 하지만 이 게임이 정말 이듬해에 나올 아타리 플랫폼에도 진출할 수 있을 지는 다소 궁금하긴 하네요.

▶ 꼭 피해야 할 게임 : 피트 파이터PIT FIGHTER (Domark, 1991)

저는 이 책에서 "피트 파이터"를 언급하기 위해 하나의 플랫폼을 선택해야만 했습니다. 그래서 CPC 버전을 꼽았을 수도 있는데, 솔직히 말하면 아마도 여러 이식 중 최악의 최악일 것입니다.

오락실판의 "피트 파이터"는 디지털화된 배우의 실사 기반 스프라이트가 자유로운 확대 축소로 어필하며, 상당히 흥미로운 게임 플레이로 눈에 띄었습니다. 그러나, 가정용으로 이식하는 데에 큰 어려움을 겪었으며, 특히 CPC판의 움직임은 겨우 초당 3~4의 프레임으로 불안정한 움직임을 보여주었기에 플레이하기 너무 끔찍했습니다.

스프라이트를 크게 만들기 위해 뭐든 하고 싶었겠지만, 정작 CPC에서 이 스프라이트가 움직이는 것은 인스턴트 커피 가루를 날로 먹는 선부름과 같다는 것을 깨달았어야 했습니다. 실로 끔찍하고…, 거의 불가능한 일이었습니다.

코모도어 COMMODORE PLUS / 4 RANGE

저는 때때로 회사들의 생각을 이해하기 어려울 때가 있었습니다. 그중 하나는 바로 코모도어의 플러스/4 Plus/4 Range 제품군을 접했을 때입니다. 때는 이미 코모도어 VIC-20과 코모도어 64(52및 64페이지 참조) 모두, 적절한 가격과 고급형 가정용 PC라는 요구 사항을 전부 충족하면서 엄청난 판매량을 기록한 시기였습니다. 그런데, 이런 와중에 Plus/4 와 저가형 자매 제품인 코모도어 16이 출시되었습니다.

외관상으로 볼 때 저가형 코모도어 16은 짙은 회색 케이스에 기존 VIC-20 및 64와 흡사한 디자인인 반면에, Plus/4는 케이스 오른쪽 하단에 따로 독립된 디자인의 방향 키가 있는 완전히 새로운 디자인이었습니다. 또한 스프레드시트, 데이터베이스, 워드 프로세서, 그래픽툴과 같은 생산성 소프트웨어들이 내장되어 있었습니다. 이것은 마치 하드웨어 형태의 마이크로소프트 웍스Microsoft Works와 같았습니다.

코모도어 16은 RAM이 16KB에 불과했으며, VIC-20을 대체하고 100달러 미만의 제품들과 경쟁하기 위한 보급형 저가 컴퓨터였는데, 일부 유럽 지역에서는 더욱 비용이 절감된 버전인 코모도어 116이 판매되었습니다. 이 아이디어는 코모도어 64가 장악할 수 없는 시장을 흡수하기 위한 것이었습니다.

제품 정보

제조 업체 : 코모도어 Commodore International
CPU : 모스 테크놀로지 MOS Technology 7501
출력 색상 : 121색
RAM : Plus/4 64KB
출시일 : 1984년 11월
출시지역 : 북미
출시가격 : $299

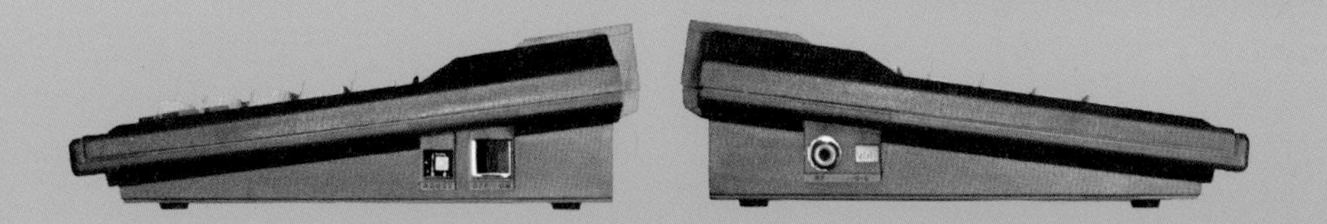

이런 코모도어16에 비해서 Plus/4는 보다 진지한 유저들에게 어필하기 위해 299달러로 가격이 책정되어 설계되었습니다.
그러나, 이러한 고객 대부분은 이미 IBM-PC 호환기종의 시류에 편승하고 있었으며, 당시 Plus/4 제품군은 그 어디에도 맞지 않는 것처럼 보였습니다.

유럽의 관심

그러나 생각 외로 유럽에서 약간의 관심을 얻었고, 다소 낙후된 하드웨어를 최대한 활용한 게임들이 나름 관심을 얻었습니다.
이 제품군은 기본적으로 하드웨어 스크롤링이 없는 기기들이며 심지어 코모도어 64의 SID 칩도 없었습니다. 다만 SID칩을 대신하는 모스 테크놀로지MOS Technology의 TED 칩은 무려 121가지 색상을 제공했는데, 이는 코모도어 64를 훨씬 능가하는 것이었으며, V3.5 BASIC의 ROM내장 버전은 V2 BASIC에 비해 상당히 개선되었습니다.

결국 많은 언론과 대중의 부정적인 평가로 인해서 대부분의 소비자는 코모도어 64에 정착하거나, 다른 제품으로 넘어갔습니다. 하지만 저는 Plus/4나 코모도어 16 제품군의 사용자들이 여전히 좋아한다는 사실을 잘 알고 있습니다. 아마도 그들은 우리가 모르는 장점이나 매력 같은 것을 알고 있을 거라고 확신합니다.

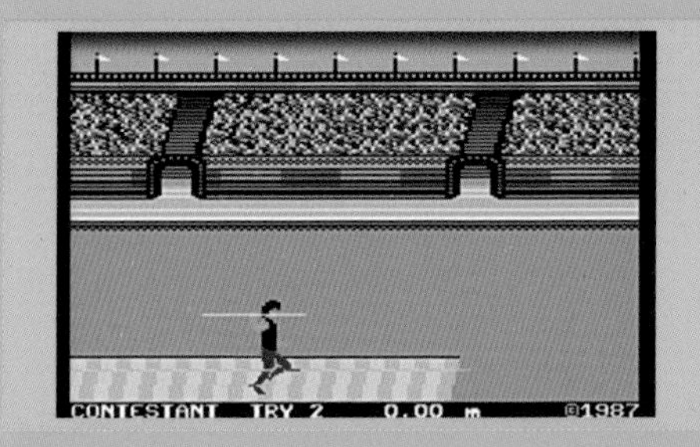

▶ 꼭 눈여겨 볼 게임 : 섬머 이벤트SUMMER EVENTS
(Anco, 1987)

이 게임은 그냥 보기에만 재미있어 보일 뿐만 아니라 실제로도 재미있습니다. 또한 뛰어난 화면 스크롤, 다양한 색상, 다양한 재미 등을 제공합니다.

여러분은 장대 높이뛰기, 스키 사격, 사이클링과 같은 7가지 종목에 출전하여 우승에 도전합니다. 이 게임은 이벤트에서 이벤트로 이동할 때 정확한 타이밍과 숙련된 손목 컨트롤이 필요한 게임으로, 당시 다른 게임 보다 좀 더 화려해 보이는 그래픽을 가지고 있습니다.

보통 제가 이런 성격의 스포츠 게임을 추천하는 것은 흔치 않지만 이것만큼은 예외입니다.

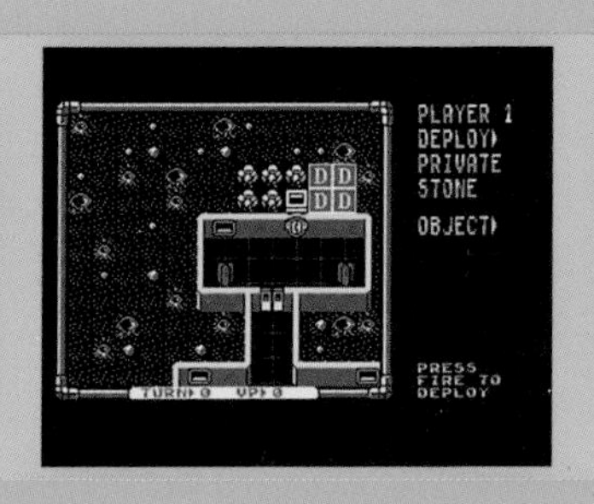

▶ 꼭 해봐야 할 게임 : 레이저 스쿼드LASER SQUAD
(TGMS, 1991)

이제 PLUS/4 제품군 안에서 하드웨어를 잘 살리며 작동하는 게임에 대해 알아봅시다. 이 게임은 실제로는 코모도어 64(C64)에서 비공식적으로 이식된 게임이지만, 운 좋게도 게임 플레이에 문제가 없고 C64 버전과 거의 똑같아 보이는 매우 좋은 이식 버전입니다.

이 게임은 여러분이 목표를 달성하기 위해 해병 팀을 지휘하여 다양한 임무에 도전하는 턴제 게임 기반의 전술 게임입니다. 오후 내내 시간을 내어 몰입하기 좋은 게임이기도 합니다.

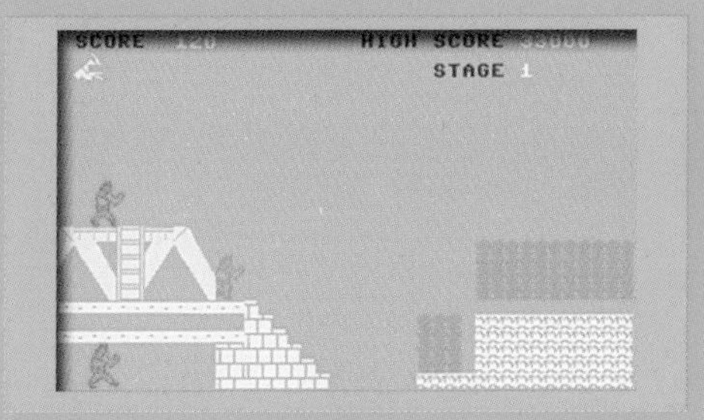

▶ 꼭 피해야 할 게임 : 그린 베레 GREEN BERET
(Imagine Software, 1986)

개발자들은 코모도어 64에서 잘 구동되는 게임을 PLUS/4에서도 문제 없이 작동시키기 위해 몇 가지 트릭을 사용해야만 했습니다. 하지만 개발자들도 때때로는 별 신경 쓰지 않고 그냥 이식하기도 했습니다. "그린 베레"의 경우 스크린 샷만 보더라도 얼마나 형편없는지 알 수 있습니다. 한번만 플레이 해보시면, 아마 여러분은 하지 말았어야 했다고 생각할 것입니다.

자체 블록에 고정되어 있는 스프라이트를 제외하고는 게임 전체가 이상하게 그려진 어린이 그림처럼 보입니다. 게임 플레이는 구리고, 오리지날 오락실 버전과 유사성이 전혀 없으며 심지어 다른 기종의 이식작들과도 비교할 수 없을 만큼 형편 없습니다.

아타리ATARI ST

잭 트러멜Jack Tramiel은 코모도어를 설립하고 회사를 상징할 만한 가장 널리 알려진 제품을 출시했지만 결국에는 코모도어의 이사회와 의견이 일치하지 않아서, 1984년에 독립해 아타리의 컨슈머 부문을 인수했습니다.

당시에 아타리의 소유주였던 워너Warner는, 불과 몇년 전만 해도 상당한 수익을 올렸던 이 계열사를 분리하고 싶어서 매각이나 다른 방법을 찾고 있었습니다. 이 덕분에 트러멜의 계획은 착착 진행되었습니다. 우선 인정받은 브랜드를 인수한 다음, 해당 브랜드를 달고 있는 저렴한 16비트 컴퓨터를 제작하였습니다. 이 진행 과정을 돕기 위해 트러멜은 코모도어 64 개발을 도왔던 쉬라즈 시브지Shiraz Shivji를 비롯한 이전 코모도어의 직원들에게 도움을 받았습니다.

이런 연유로 해서 성립된 아타리 코퍼레이션Atari Corp.이라는 새로운 회사의 이름으로, 아타리 520ST는 1985년 1월 겨울에 CES Consumer Electronics Show에서 정식으로 발표 공개되었습니다. 이름의 ST는 'Sixteen/Thirty Two(16/32)'를 줄인 것으로 모토로라 68000 CPU의 32비트 내부 아키텍처와 16비트 외부 데이터 버스를 의미합니다. 의도한 대로 비용이 절감된 디자인이었지만, 당시 시장에 나와있는 대부분의 다른 제품보다 훨씬 더 뛰어난 성능을 발휘했습니다. 결과적으로 아타리 ST 시리즈는 좋은 평가를 받았으며 1985년이 끝나기 전에 5만대 이상의 판매를 올렸습니다.

제품정보

제조 업체 : 아타리 코퍼레이션 Atari Corp.
CPU : 모토로라 Motorola 68000
출력 색상: 16색(512색 팔레트 중)
RAM : 512~1024KB
출시일 : 1985년 1월
출시지역 : 북미
출시가격 : $799 (inc. Monitor)

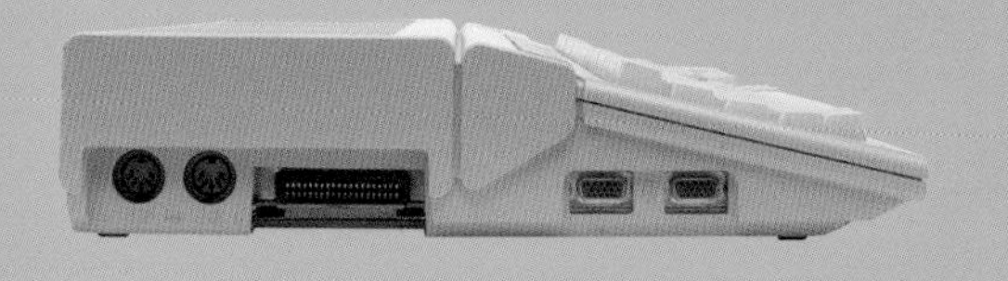

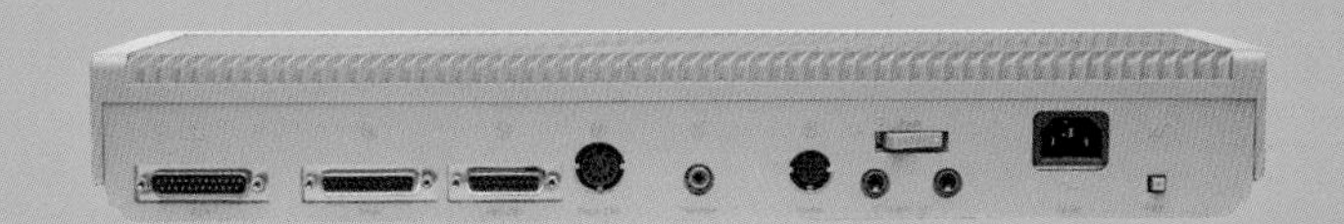

가정용 바리에이션

본 기기가 작동하기 위해서는 모니터와 별도의 전원 파워 드라이브가 필요했는데, 이에 1986년에는 아타리 520STFM이라는 개량형이 출시되었습니다. 그리고, 이 개량형 기기에는 내장형 플로피 디스크 드라이브(Floppy)와 텔레비전 신호 변조기(Modulator), 즉 'F+M'이 추가되어 있으며 집의 TV에 바로 연결이 가능한 가정용으로 판매하는 것이 주된 목적이었습니다. 덕분에 어느 정도는 북미 시장에서의 판매에 약간의 도움이 되는 데에 지나지 않았지만, 반면 유럽 시장에 ST 파워 팩ST Power Pack(1989년 출시)과 같은 대형 게임 번들 팩이 출시됨으로 매출이 급증했고 결국 이 제품은 차세대 게임용 컴퓨터로 자리 매김했습니다.

ST파워 팩은 20가지의 게임을 제공했고, 당시 유럽의 가정들을 위한 새로운 게임의 유행을 가져오게 되었습니다. 디스크 드라이브가 있고 아케이드 타이틀(진짜 오락실 게임처럼 보이는)을 제공하는 풍성한 구성의 컴퓨터는 실로 굉장히 새롭고 흥미로운 것이었습니다. 하지만 또다른 A=아미가Amiga(116 페이지 참조)와 같은 경쟁 제품이 없었더라면, 훨씬 더 성공했을 것입니다.

한번 더 업그레이드된 제품인 아타리 520STE는 이 아미가와 경쟁하기 위해 출시되었지만 시기가 너무 늦었습니다. 1989년 후반에 출시된 STE 전용 타이틀 종류가 적고 유저층이 적어 퍼블리셔들은 STE의 게임을 더 인기 있는 STFM모델과 호환되도록 만드는 것을 선택하였습니다. 보다 더 나은 그래픽과 사운드를 원하는 사람들은 STE가 아미가와 비교해도 부족하지 않은 성능과 경쟁력을 가지고 있음에도 불구하고 STE는 선택지에서 버려지고 아미가로 넘어갔습니다.

▶ 꼭 눈여겨 볼 게임 : 노 세컨드 프라이즈NO SECOND PRIZE (Thalion, 1993)

이 게임은 그다지 잘 알려지지 않은 게임이지만 충격적으로 멋진 게임이기 때문에, 대체 왜 알려지지 않은 것인지 그 이유에 대해 고민하게 됩니다.

사실 3D 우주 레이싱으로 시작한 이 게임은, 개발 과정 도중에 오토바이 레이싱 시뮬레이션으로 변경되었습니다. 다양한 라이더와 20개의 트랙, 그리고 매끄러운 프레임 속도가 특징인 게임입니다.

"스턴트 카 레이서Stunt Car Racer"나 "포뮬러 원 그랑프리Formula One Grand Prix"의 팬이라면, 특히 렌더링 엔진이 두 게임보다 더 부드럽기 때문에 보다 잘 플레이 할 수 있습니다.

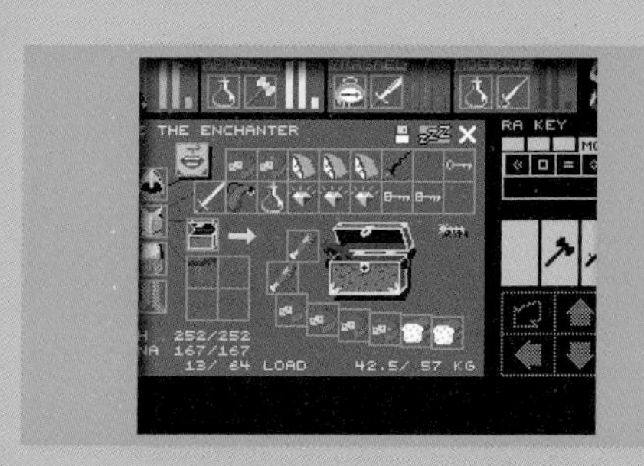

▶ 꼭 해봐야 할 게임 : 던전 마스터DUNGEON MASTER (FTL, 1987)

이 게임은 역대 아타리 ST 게임 중 가장 잘 팔린 게임이며, 그럴 만한 이유가 있습니다. 이 "던전 마스터"는 실시간 롤플레잉 게임으로 1987년 출시 당시만 해도 이런 게임은 거의 볼 수 없었습니다. 이전의 탑 뷰 던전 크롤러의 턴 제 기반 플레이가 아닌, 1인칭 시점 방식으로 제작되었으며, 이 게임은 실시간으로 여러분의 재치, 속도 그리고 교활함을 시험합니다.

또한 이 게임은 레벨링 시스템을 도입한 최초의 게임 중 하나이며, 게임이 진행될 수록 캐릭터의 기술이 향상됩니다. 분명히 이 게임은 긴 겨울 저녁 어두운 조명 아래 오랫동안 즐겁게 플레이할 수 있는 게임입니다.

▶ 꼭 피해야 할 게임 : 게리 리네커의 슈퍼 스킬즈GARY LINEKER'S SUPER SKILLS (Gremlin Graphics, 1988)

맙소사…. 이 게임은 헬스장에 가만히 서서 헬스에 대해 아무것도 모르는 사람이 운동하려고 노력하는 것을 가만히 지켜보는 것과 같습니다. 게임 플레이는 조잡하고, 그래픽도 열악하며, 전체 컨셉은 더더욱 조잡합니다.

저는 개발자들이 실제로 어떤 실체가 있는 게임을 만들어내지 않고 막연히 게리 리네커Gary Lineker(*편집 주)라는 실존 인물의 이름에 편승하려 했다는 이상한 느낌을 받았습니다.

편집 주

게리 리네커: 잉글랜드를 1990년 이탈리아 월드컵에서 24년 만에 4강에 진출시킨 축구 스타이자 현직 방송인으로 유명한 인물이다.

코모도어Commodore AMIGA

잭 트러멜은 결국 코모도어 사를 떠나서 자신만의 16비트 컴퓨터를 만들고 있었지만, 잭 트러멜이 떠났다고 코모도어가 경쟁에 뒤쳐진다는 것을 의미하지는 않았습니다.

운좋게도 전 아타리 직원인 제이 마이너Jay Miner가 이끄는 팀은, 아미가 코퍼레이션Amiga Corporation의 아래에서 "로레인Lorraine"이라는 기기를 제작하고 있었습니다. 그러나 이것은 개발에 많은 비용이 필요한 고급 기종이었습니다. 그래서 1984년에 코모도어 사는 그 기기를 구입하였으며, 1985년 뉴욕 링컨 센터에서 성대한 공개 쇼를 열어서 "The Amiga from Commodore"를 선보였습니다. 이 화려한 공개쇼는 강력한 커스텀 칩셋으로 무장한 아미가가 1980년 중반에는 전례없던 수준의 그래픽과 사운드를 제공했기 때문에 가능했습니다.

아타리 ST(112페이지 참조)와 마찬가지로 이 시스템은 모토로라 68000 CPU를 기반으로 했지만, 실제로 이 수준으로 끌어올린 것은 폴라Paula, 데니스Denise 및 애그너스Agnus 등의 이름이 붙은 전용 커스텀 칩 덕분이었습니다.

제품 정보

제조 업체 : 코모도어 인터내셔널 Commodore International
CPU : 모토로라 Motorola 68000
출력 색상 : 4096색
RAM : 256KB+
출시일 : 1985년 7월
출시지역 : 북미
출시가격 : $1295 (+ $300 모니터)

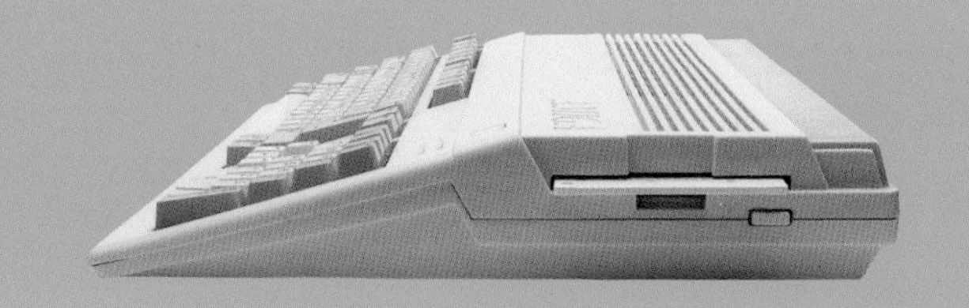

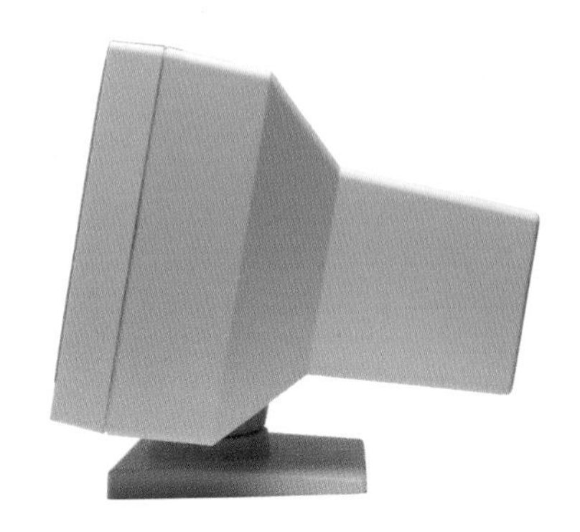

가정용 바리에이션

본래 이 기기는 경쟁자인 아타리 ST 기종처럼 고가에 고성능으로 더욱 전문적인 분야에서의 사용을 목표로 했었지만, 1987년에는 좀 더 저렴한 아미가 500이 탄생했습니다. 이것은 가정용으로(적어도 유럽에서는) 설계되었으며, 게임 시장에서 더 많은 관심을 받았습니다. 이런 방향성은 곧 아미가 500이 아타리의 다른 제품과 빠르게 경쟁하며, 최신 게임을 위한 최고의 선택이 되었음을 의미했습니다.

그러나, 북미에서의 마케팅 방향은 약간 달랐었고, 당시 다수의 콘솔과 정면 경쟁을 위해 탄생되었던 이 제품이지만 북미에서는 이미 닌텐도 NES같은 게임기나 IBM-PC 호환기종을 대다수가 중심적으로 사용하고 있었기 때문에, 북미 지역에서의 보급률은 다소 제한적이었습니다.

결국 1990년대 초반이 아미가가 성공적으로 정점을 달리던 시기인데, 이 무렵에 유럽에 출시되었으며 결과적으로 유럽에서는 훨씬 더 빨리 의도한 마케팅 방향대로 게임용으로 많이 선택되었습니다.

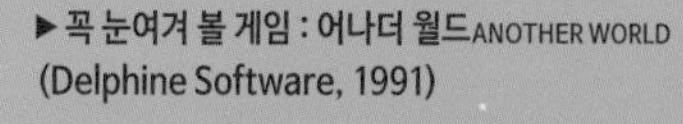

▶ 꼭 눈여겨 볼 게임 : 어나더 월드ANOTHER WORLD
(Delphine Software, 1991)

북미에서는 "아웃 오브 디스 월드Out of This World"로, 일본에서는 "아우터 월드Outer World"로 출시된 이 게임은, 제 입을 떡 벌어지게 한 최초의 플랫포머 액션 게임 중 하나입니다(마치 "페르시아의 왕자(27페이지 참조)"를 끝내고 나서 바로 시작한 것 같은 기분입니다). 프랑스에 기반을 둔 델핀 소프트웨어Delphine Software가 디자인 및 제작을 한 이 게임은 처음부터 영화 같은 웅장함을 안겨줄 것입니다.

여러분은 이해력을 넘어선 힘에 손을 대는 과학자를 플레이하면서 외계세계에서의 탈출을 모색하는 게임 안에 있는 자신을 발견하게 될 것입니다. 도입부의 영화 같은 시네마틱 시퀀스만으로도 이 게임은 설레임을 충분히 줄 것이지만 게임 플레이는 액션과 퍼즐을 조합하여 더욱 즐거운 방식으로 풀어냈습니다.

저는 게임을 시작할 때 등장하는 고릴라 같은 짐승을 어떻게 물리칠 것인지 고민했던 그 순간을 잊지 못할 것입니다. 아마도 여러분은 그런 깊은 감흥과 기억을 쉽게 떨쳐내지 못할 것입니다.

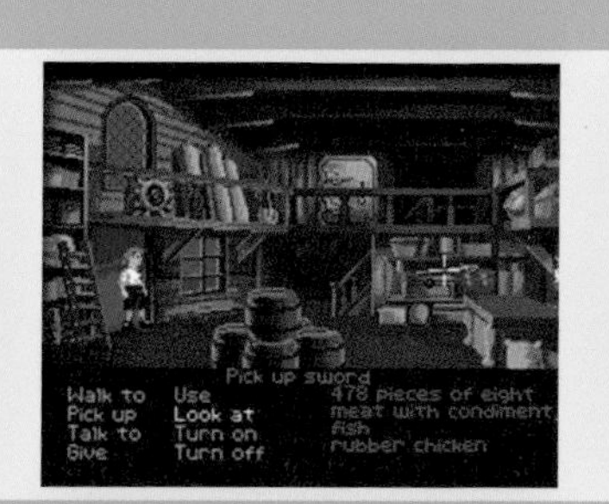

▶ 꼭 해봐야 할 게임 : 원숭이 섬의 비밀THE SECRET OF MONKEY ISLAND
(LucasFilm Games, 1990)

저는 포인트 앤 클릭 장르 게임의 열렬한 팬은 아닙니다. 아주 괜찮은 게임이 아닌 한 말이죠. 하지만, 명심하십시오. 이 "원숭이 섬의 비밀"은 정말 잘 만든 게임입니다.

뛰어난 SCUMM엔진을 기반으로 루카스필름 게임즈LucasFilm Games가 개발한 이 게임은 다양한 상호작용, 칼 싸움과 재치 있는 농담(quip)을 특징으로 하며, 여러분은 주인공 캐릭터 가이브러시 쓰립우드Guybrush Threepwood를 플레이하여 여러 난관을 극복해 나갑니다. 앞서 말한 정보들은 소통적이고 매력적인 경험을 선사하는 새로운 대화 트리의 핵심 요소입니다.

여러분의 궁극적인 목표는 어엿한 해적이 되어 유령 해적 르척LeChuck을 물리치는 것입니다.

▶ 꼭 피해야 할 게임 : 나이트 워크NIGHT WALK
(Alternative Software, 1988)

여러분은 타이틀 화면을 보는 순간부터 전례 없는 쓰레기를 보고 있다는 것을 알 수 있을 것입니다. 아미가 같이 성능 좋은 플랫폼을 사용하면서 이렇게 끔찍한 게임을 만드는 것은 어려울 것이라고 생각할 수도 있겠지만, 얼터너티브 소프트웨어Alternative Software는 그 것을 실제로 해냈습니다.

이 것은 3살짜리 아이가 디자인한 "마계촌Ghouls&Ghosts"과도 약간 비슷해 보입니다. 모든 곳에서 의미없이 힘들여 걷는 캐릭터를 떠나, 느린 화면 스크롤과 불안정하고 멍청한 동작, 반복적이고 성가신 음악 등등이, 이 끔찍한 게임을 안 좋은 의미로 더 돋보이게 해줍니다.

또한 화면 오른쪽 상단에는 의미없이 R.I.P.(Rest in peace) 표시가 나타납니다. 하지만 저를 믿으세요, 이 악몽 같은 게임을 플레이하는 동안에는 평화란 없습니다.

세가SEGA
MASTER SYSTEM (한국명: 삼성 겜보이 등*)

세가의 게임기 SG-1000(92p 참조)이 닌텐도의 패미컴(96p 참조)과의 경쟁에서 밀려남에 따라 세가는 새로운 제품이 필요했습니다.

이 제품은 1985년에 출시된 세가의 게임기인 "세가 마크III Sega Mark III"를 새로 리모델링한 제품으로, 이전 콘솔을 개발했던 바로 그 팀이 설계하였습니다.

본래 마크III는 SG-1000과 동일한 프로세서를 사용했지만, 동시기의 경쟁기인 패미컴보다는 기술적으로 더 우수한 업그레이드된 기능을 갖추고 있었습니다. 여기에는 8KB의 RAM, 16KB의 비디오 RAM, 256×192의 해상도 및 64개의 팔레트에서 나온 32색의 화면 색상이 포함되어 있습니다.

서류상으로 보이는 성능면에선 분명히 이 모든 것이 더 좋아 보였었지만, 안타깝게도 닌텐도는 이미 먼저 시장을 잠식해버렸고, 타사의 개발자들이 닌텐도의 하드웨어 만을 사용하도록 독점함으로써 결국 세가의 마크III는 기대만큼 팔리지는 못했습니다.

이런 고질적 서드 파티 부재에 따른 게임 소프트웨어의 부족을 극복하고자, 세가는 제품 출시와 맞추어 자사의 오락실 게임들을 이식한 게임 타이틀들과 새로운 신규 게임 타이틀들을 직접 개발해 출시하기로 결정했는데, 그 중 수 많은 타이틀들이 일본이 아닌 해외에서 출시될 예정이었습니다.

편집 주

: 마스터 시스템은 삼성에서 '삼성 겜보이'라는 이름으로 수입 판매되었지만, 이후 삼성의 IBM-PC 호환기종 시리즈의 브랜드명인 '삼성 알라딘PC' 시리즈에 맞추어서 '삼성 알라딘보이'라는 이름으로 변경되어 판매되었다.

제품 정보

제조 업체 : 세가 Sega
CPU : 자일로그 Zilog Z80
출력 색상 : 32색(64색 팔레트 중)
RAM : 8KB RAM + 16KB VRAM
출시일 : 1985년 10월 (Mark III),
1986년 9월 (Master System)
출시지역 : 일본 (Mark III), 북미 (Master System)
출시가격 : ¥16,800 / $199

닌텐도와 마찬가지로 세가는 해외 유저들을 위해 콘솔의 브랜드명을 변경했습니다. 왜냐하면 이미 SG-1000이 일본 자국내 시장에서만 거의 독점적으로 출시 판매되었기 때문에, 마크III라는 이름은 의미가 없어졌기 때문입니다. 따라서 좀 더 향상된 하드웨어의 기능을 나타내는 마스터 시스템Master System이라는 이름으로 변경되었습니다.

미래지향적이고 세련된 블랙 디자인이 채택된 마스터 시스템은 1986년 북미 시장에서 닌텐도 패미컴의 미국판인 NES(96페이지 참조)와 정면대결을 하였습니다.

처음 출시 되었을 때는 번들로 "행 온Hang-on"과 "사파리 헌트Safari Hunt"가 포함되어 있었고, 동봉되어 있는 라이트 건과 함께 작동하도록 설계되었지만, 당시 미국 소비자들의 관심을 사로잡지는 못해서 결국 그 해 닌텐도 NES의 110만 대 판매량에 비해서 초라한 12만5천 대라는 판매량을 기록했습니다.

유럽에서의 성공

마스터 시스템은 이후 1987년에 유럽으로 진출하였고, 영국의 마스터트로닉Mastertronic에 의해 유통되었습니다.

이 마스터 시스템은 영국으로 넘어옴으로써 훨씬 인기를 얻게 되었는데, 유럽 시장에서 닌텐도의 부진한 광고와 비교가 되도록 마스터 시스템은 오락실에서 인기 있던 세가 아케이드 게임 타이틀과 닮은 그래픽과 인기 있는 세가 타이틀들을 내세워 유리한 고지를 점령했습니다. 출시 가격도 99파운드(NES 보다 저렴함)에 불과해 주문량은 많았으나, 배송 문제로 인해 크리스마스 이후까지 콘솔이 제때 도착하지 않아서 많은 유통업체들이 경제적으로 어려움을 겪었습니다. 그러다가 1988년에 버진Virgin사가 지원에 나서 유통과 배송을 시작하였는데, 마스터 시스템을 유럽 시장에선 지배적인 인기를 갖는 8비트 콘솔로 끌어올렸습니다. 이는 북미의 사례를 교훈으로 삼았기 때문에 가능한 일이기도 합니다.

또한 마스터 시스템은 당시에는 최소한의 로딩 시간만을 필요로 하는 최초의 게임기 시스템으로 많은 사람들에게 기억되는데, 왜냐하면 그 시기 대부분의 유럽 게이머들이 다른 게임용 시스템을 켜서 대기하는 약 5분 정도의 로딩 시간보다 훨씬 짧았기 때문입니다.

일본에서는 마크III가 1987년 말부터 마스터 시스템으로 이름을 바꿔 재출시되었는데, 서양 수출형 모델에는 없는 FM음원 합성 사운드칩을 갖고 있었습니다. 더불어, 마스터 시스템II라고 불리는 업데이트된 모델은 1990년 다양한 해외 지역에서 출시되었으며, 번들로 "알렉스 키드 인 미라클 월드Alex Kidd in Miracle World"가 제공되었습니다. 해당 타이틀은 "소닉 더 헤지혹Sonic the Hedgehog"의 성공에 따라 1991년부터 제공 번들이 변경되었습니다. 또한 이 시스템은 테크-토이Tec-Toy에 의해 브라질에서 판매되었는데, 크게 인기를 끌었으며 일부 독점 제품도 출시했습니다.

▶ 꼭 눈여겨 볼 게임 : 로드 래쉬ROAD RASH
(U.S. Gold, 1994)

"로드 래쉬Road Rash"는 여러분 대부분이 알고 있을 게임으로 상대방의 오토바이를 파괴시킬 수 있는 공격적 오토바이 경주 게임입니다. 그러나 대부분 메가드라이브MEGA DRIVE 버전으로 알고 있는데, 실제 "로드 래쉬"는 앞에 놓인 콘솔을 숨긴다면 대다수의 사람이 메가 드라이브 버전으로 착각할 정도로 뛰어납니다.

빠르게 기복과 굴절이 일어나는 도로의 커브 부분과 래셔즈Rashers(이 게임에선 바이커들을 이렇게 부릅니다)의 디테일에 이르기까지, 이 게임은 정말로 기술의 발전을 확인할 수 있는 게임입니다.

이 게임에서 유일하게 8비트의 한계를 느낄 만한 것은 음악을 포함한 음향 효과입니다. 물론 아주 나쁘다는 말은 아니지만, FM 음원 칩이 없는 북미 마스터 시스템의 내장 PSG 사운드는 16비트 게임기들 사이에서 너무 튀어서 바로 느껴지게 될 것입니다.

▶ 꼭 해봐야 할 게임 : 원더보이Ⅲ 드래곤즈 트랩WONDER BOY III: THE DRAGON'S TRAP
(Sega, 1989)

마스터 시스템에는 뛰어난 플랫폼 게임들이 많이 있습니다.

"소닉 더 헤지혹", "알렉스 키드 인 미라클 월드", "싸이코 폭스" 등 많은 후보들이 있었습니다. 하지만 많은 이들이 이 "드래곤즈 트랩"이야말로 최고의 게임이라 칭송하고, 저도 그렇게 생각하기 때문에, 꼭 해봐야 할 게임으로 선택했습니다.

게임플레이는 직관적이고 단순합니다. 하지만 이 게임은 달리고, 뛰고, 공격하는 이 모든 행동이 아름답게 잘 구현되어 있습니다. 특히 여행 중에 변신할 수 있는 여러 동물들을 고려할 때, 게임을 하는 경험 내내 지루함을 느끼지 않을 것입니다.

▶ 꼭 피해야 할 게임 : 외계인 알프ALF
(Sega, 1989)

마스터 시스템은 북미 지역에서는 그다지 인기가 없었기 때문에, 대부분의 로컬 전용 게임은 유럽과 호주에서 출시되었습니다. 미국에서 "외계인 알프"의 인기는 NTSC규격 전용으로 마스터 시스템에게 자리를 하나 만들어 주었는데, 사실 이것은 "외계인 알프"의 원작인 텔레비전 드라마에 기반을 둔 유일한 가정용 콘솔 게임판이며, 아마도 이것이 최선의 방법이었을 것입니다.

여러분의 임무는 주인공인 외계인 알프로서 우주선을 수리하기 위해서 우주선의 부품을 모으는 것이고, 만화 캐릭터 '로비 로켓팬츠Robbie Rocketpants'도 나옵니다. 실제 게임 플레이는 지하, 호수, 거리 및 정원과 같은 다양한 지역에서 진행됩니다. 다만 문제는 게임이 정말 실망스러울 정도로 재미없다는 것입니다. 플레이어는 단 한 번만 맞으면 죽으며, 유일한 무기는 살라미햄 입니다…. 저는 모든 것에 실망해서 게임이 매우 짧다는 것이 기쁠 지경이었습니다.

아타리ATARI 7800

아타리 5200(84페이지 참조)가 기대만큼 잘 팔리지 않았기에, 아타리는 7800 Pro 시스템(추가 모듈없이 아타리 2600과 완전히 하위호환되는 콘솔)을 통해 이를 만회할 계획을 세웠습니다. 소매가가 79달러에 불과했던 것도 당시의 경쟁업체 콘솔들을 상대하기 위해 책정된 최소한의 금액이었습니다.

원래는 더 빠른 1984년 6월에 아타리 5200의 즉각적인 대체품으로 발매될 예정이었으나, 컨슈머 부서를 잭 트레멀에게 매각한 후 일부 지불 문제가 발생하여 실제 발매는 1986년 5월까지 연기되었습니다.
이로 인해서 시기상으로 이 제품은 닌텐도 NES와 세가의 마스터 시스템(96p 및 120p 참조)과 맞대결을 펼칠 수밖에 없게 되었습니다.
하지만 부진한 판촉 예산과 빈약한 게임 라이브러리 때문에 결국 7800은 경쟁에서 밀려 3위에 그치고, 그 해 말까지 10만대가 겨우 넘는 저조한 판매량을 기록하는 결과를 초래했습니다.

설명서에 따르면 1986년의 경쟁 기기 중에서 시스템 스팩은 전혀 뒤떨어지지 않았지만, 대부분의 개발자들이 좀더 높은 320×240 해상도 보다는 160×240 해상도를 선호했기 때문에 결국 게임들이 더 뭉툭하게 보이는 경향이 있었습니다.

제품 정보

제조 업체 : 아타리 Atari Inc.
CPU : 아타리 Atari SALLY 6502
출력 색상 : 25색 (256색 팔레트 중)
RAM : 4KB
출시일 : 1986년 5월
출시지역 : 북미
출시가격 : $79

만약에 7800이 본래 계획대로 1984년에 바로 출시되었더라면 꽤 성공적이었겠지만, 이후 일본산 콘솔 제품들의 파상 공세가 이미 전세계를 휩쓸고 있는 가운데 아타리는 주전장에 뒤늦게 참가한 결과, 결국 아타리 7800은 다음해 유럽에서도 비슷한 결과를 보였습니다.

아타리 스타일

아타리의 새로운 컴퓨터 제품군(아타리 ST모델, 112페이지 참조)과 달리 미학적으로 이 제품은 아타리의 검은 색상 톤을 고수했지만, 컨트롤 패드는 오른쪽 하단에 두 개의 버튼이 있고 왼쪽 상단에 하이브리드 D-pad/조이스틱을 배치하여 NES의 패드를 연상시키는 디자인이 되었습니다.

이들은 표준 아타리 9핀 포트에 연결되었고, 세가 마스터 시스템과 마찬가지로 콘솔은 하우징에 일시 중지 버튼을 적용했으며, 하위 호환성을 보장하기 위해 아타리 2600(32페이지 참조)와 동일한 크기의 카트리지를 사용했습니다.

아타리 7800은 1980년대부터 계속 1990년대 초까지 이어져 판매되기는 하였지만, 결국 끝내 아타리 2600 만큼의 위상에는 도달하지 못했습니다.

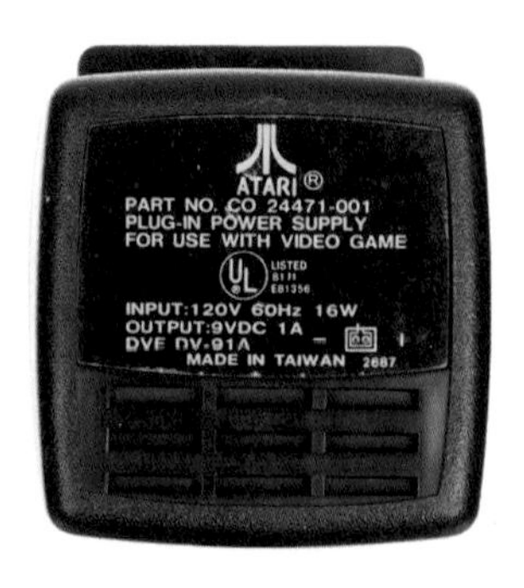

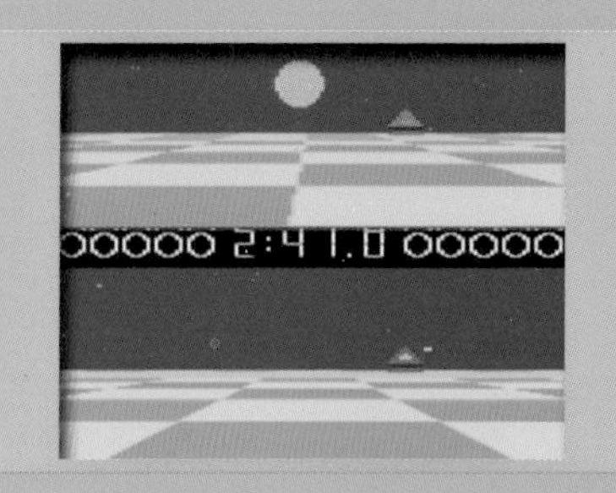

▶ **꼭 눈여겨 볼 게임 : 볼블레이저**BALLBLAZER
(LucasArts, 1987)

원래 아타리 5200용으로 발매된 이 게임은 루카스아츠가 만든 첫 게임이었으며, 아타리 7800용 업데이트는 이전 게임보다 훨씬 더 좋은 퀄리티를 보여주었습니다.

대부분의 게임들은 7800에 내장된 사운드 칩을 사용하지만, 이 게임은 아타리의 8비트 라인 기기들에 있는 POKEY포키칩을 통합해 사용하는 두 게임 중 하나로, 대부분의 다른 게임들 보다 더 좋은 사운드 효과를 제공합니다.

화면은 위 아래 반으로 나뉘어져 있어서 순수한 3D 필드에서 2인용 플레이를 제공했습니다. 사실 유사 3D 이긴 하지만요…, 요점은 매우 깔끔하고 믿을 수 없을 정도로 부드럽게 스크롤 된다는 것입니다.

▶ **꼭 해봐야 할 게임 : 닌자 골프**NINJA GOLF
(Atari, 1990)

만약 누군가가 여러분에게 이런 컨셉의 게임 아이디어를 진지하게 설명한다면, 여러분은 분명 그와 아이디어 등등에 코웃음을 치거나 무시할 것입니다. 하지만 그럼에도 불구하고 이 "닌자 골프"는 재미있게 플레이할 수 있었습니다.

이 게임의 컨셉은 표창, 적 닌자, 그리고 어떤 두더지 같은 생물들이 여러분에게 공을 던지는 것을 피해가면서 골프를 하는 것입니다. 정말 멋지고 그래픽도 아주 제격인 게임입니다!

▶ **꼭 피해야 할 게임 : 카라테카**KARATEKA
(Ibid, 1988)

원래 조던 매크너Jordan Merchner가 1984년에 애플로 기획, 제작한 것을 Ibid가 아타리로 이식해서 내놓은 이 게임은, 그 전설적인 원작의 명성에 결코 걸맞지 않는 이식작이란 평가를 받는 부족한 유산입니다.

여러분은 이름 없는 영웅을 플레이하며 마리코Mariko 공주를 구출하기 위해 길 위에 서있는 다양한 적들과 싸우고…. 음…. 아무튼 가라테를 사용하여 적들을 무찌르는 것입니다.

문제는 조작이 조악하고 그래픽은 원작에 비해 좋지 못하며 캐릭터의 움직임은 눈에 띄게 떨어진다는 것입니다.

아콘ACORN ARCHIMEDES

이 시점에 아콘 컴퓨터는 올리베티Olivetti사의 산하에 있었지만, 그게 컴퓨터 계열 제품 개발의 종말을 의미한 것은 아닙니다. BBC Micro와 그 후속제품 BBC 마스터를 작업하는 동안 스티브 퍼버Steve Furber와 소피 윌슨Sophie Wilson은 소위 Acorn RISC Machine을, 짧게 줄이면 'ARM'을 제작하고 있었습니다.

이 프로젝트는 1983년에 시작되었고, 1987년에 발매되는 하드웨어인 아콘 아르키메데스의 핵심이었습니다.

이 협업에서 탄생한 최초의 컴퓨터 기종인 아르키메데스 A300은 교육 및 사무용으로 설계된 데스크톱 컴퓨터였습니다. 발매 당시에는 성능이 영 좋지 않은 운영체제를 제공했지만, 아콘은 곧 아서Arthur 운영체제의 개선을 통해서 애플이나 마이크로소프트의 운영체제처럼 상황에 맞는 메뉴, 작업 표시줄 및 기타 많은 혁신적인 기능을 갖춘 RISC OS를 출시하고 한층 개선된 게임을 즐길 수 있었습니다.

게이머 관점에서 볼 때에는, 1989년 5월에 개선된 모델인 A3000이 출시 되었을 때에, 비로소 본격적인 행보가 시작되었다고 말할 수 있습니다. 아타리 STFM 및 아미가 500(114페이지 및 118페이지 참조)처럼, 이 제품은 올인원All in One 케이스로 제공되었기 때문에 다른 데스크탑보다 저렴했습니다.

A3000은 사실상 마지막 BBC 브랜드 제품 PC였고, 영국 전역의 많은 학교에 보급되어 있던 BBC Micro를 대체했습니다.

제품 정보

제조 업체 : 아콘 컴퓨터 Acorn Computers
CPU : ARM-2 RISC
출력 색상 : 256색 (4096색 팔레트 중)
RAM : 512KB
출시일 : 1987년 8월
출시지역 : 영국
출시가격 : £799

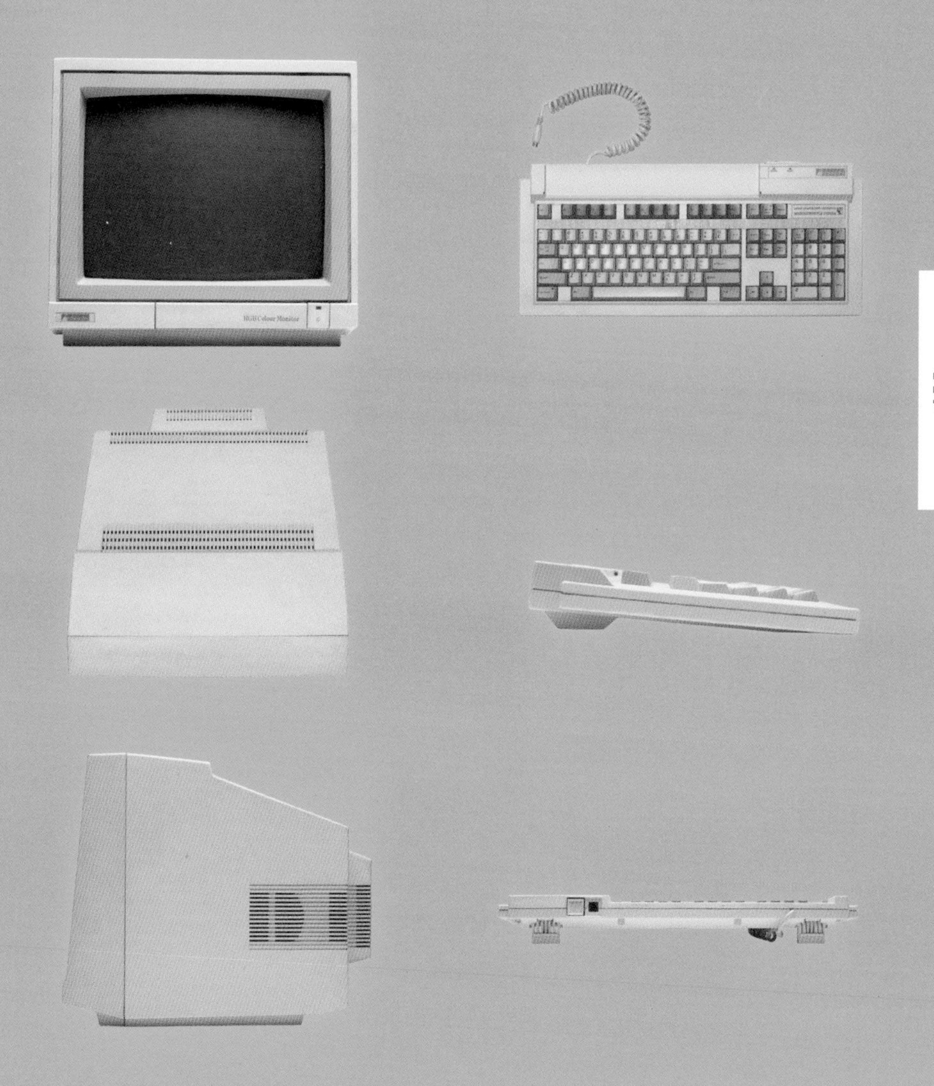

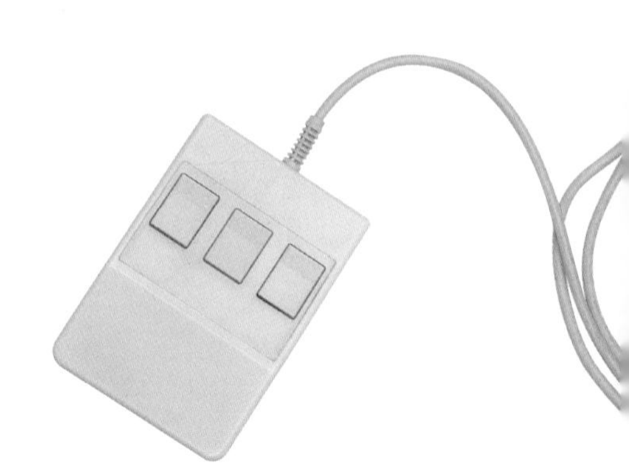

텔레비전 연결 용도의 모듈레이터(변조기)는 표준 사양으로 장착되지는 않았지만, 아미가 또는 아타리ST 보다도 적은 보급 수량 임에도 불구하고, 가정과 침실에도 설치할 수 있게 만들어졌습니다.

아콘은 나중에 A3000을 A3010및 A3020으로 개량하며, A3000에는 TV 모듈레이터를 넣지 못했다는 것을 인정했습니다. 새로운 두 모델은 비슷하지만, A3010은 녹색의 그린 펑션 키와 가정용 RF 어댑터를 사용합니다. 반면에 A3020은 아콘의 스쿨 네트워크를 통해 네트워크 접속가능한 인터페이스가 있었고 교육 분야에서 A3000을 대체했습니다.

이후에 나온, 보다 더욱 강력한 데스크톱 버전들(A5000및 RiscPC)은 모두 다재다능한 RISC 아키텍처 덕분에 훌륭한 3D기능을 가지게 되었습니다.

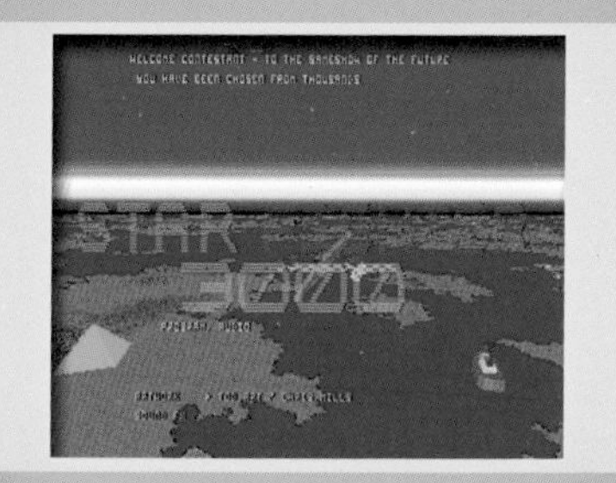

▶ 꼭 눈여겨 볼 게임 : 스타 파이터 3000STAR FIGHTER 3000
(Fednet Software, 1994)

지금은 3037년이다, 라고 당시 아콘 아르키메데스 컴퓨터 앞에 앉아있는 사람들은 그렇게 느꼈을 것입니다.

무기로 가득 찬 제트기를 타고 적진을 헤치고 나아가다 보면 보이는 황홀한 3D풍경에 여러분은 현혹되고 말 것입니다. 1994년에 출시된 이 게임의 3D 텍스처 맵핑은 당연히 역사상 최초는 아니지만, 당시의 아르케메데스에서는 매우 인상적이었으며, 하드웨어가 제대로 된 기술을 만날 때 무엇을 달성할 수 있는지를 잘 보여주었습니다.

그래픽은 320×256 해상도로 렌더링 되는데 오늘날에 비하면 매우 낮아 보이지만 흐릿한 모니터나 텔레비전에서는 매우 놀라운 성능이었습니다.

▶ 꼭 해봐야 할 게임 : 자크ZARCH
(Acornsoft, 1987)

다름아닌 "엘리트"로 유명한 데이빗 브라벤David Braben에 의해 개발된 "자크"는 기술 데모에서 아르키메데스와 함께 번들로 제공되었습니다. 이 게임을 플레이해보면, 1987년 아타리 ST와 아미가(112페이지 및 116페이지 참조)의 게임과 비교했을 때 이것이 완전히 새로운 수준이라는 것을 곧 바로 알 수 있습니다.

여러분의 목표는 3D로 렌더링된 풍경 위를 거침없이 비행하며, 적함들으로부터 지상의 목표물을 방어하는 것입니다. 여러분의 기체는 제어하기 조금 어려운 하부 추진기를 통해 조종되는 우주선입니다. 하지만 한번 조종에 숙달되면 매우 즐거운 비행이 될 것입니다.

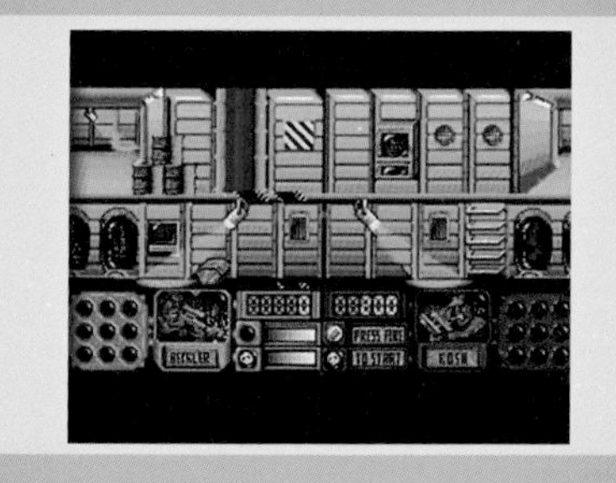

▶ 꼭 피해야 할 게임 : 어그레서AGGRESSOR
(Atomic Software, 1992)

이 게임은 아마도 유명 영화 "에일리언2"에게 보내는 팬레터인 것은 분명합니다. 이 게임에서 여러분의 임무는 우주화물선 복스Vox를 가로채서 명령을 내리는 것이지만, 걷는 곳마다 하늘에서 떨어지는 것처럼 보이는 이상한 물건들과 마치 지각한 직장인들처럼 여러분을 스쳐 지나가는 커다란 외계 생물들도 있습니다.

컨트롤은 끔찍하고 눈에 띄지 않는 적들로 점철되어 있어서, 주변 환경들과 완전히 분리된 것처럼 느껴집니다. 이게 무슨 말인지 알 것 같나요?

NEC(Nippon Electric Company)
TURBOGRAFX-16 / PC ENGINE

일본에서 PC엔진PC Engine으로 처음 등장했던 이 재미있는 게임기는 1987년 10월 30일에 출시되었으며, 곧 일본에서 가장 많이 팔리는 콘솔이 되었습니다. NEC 홈 일렉트로닉스NEC Home Electronics와 허드슨 소프트Hudson Soft가 공동으로 개발했으며, 목적은 경쟁사들의 제품보다 오락실 게임과 가까운 하드웨어를 만드는 데 중점을 두었고 그 결과 목적을 달성했습니다.

기술의 핵심은 8비트 CPU가 코어이지만, 16비트급의 영상 표현력과 482개의 화면 색상을 제공하는 팔레트를 다루는 비디오칩 VDP가 결합되었습니다. 이러한 연유로 인해 PC엔진이 영미권에선 현지화가 부족함에도 불구하고 게임 잡지들이 타이틀을 리뷰하고 지지자들을 기반으로 커뮤니티가 생성되면서 서구 시장에 꾸준히 유입되었습니다.

당연히 NEC와 허드슨 소프트는 이런 현상을 눈여겨 보고서, 이후 1989년에 터보 그래픽스 16TurboGrafx-16이라는 PC엔진의 변형 기종을 북미 시장에 도입하는 것을 결정했습니다. 이 제품은 PC엔진의 컴팩트한 케이스에 비해서, 더 미국적인 시선에 맞춘 디자인과 느낌을 담아 더 돋보이게 하기 위해서, 결과적으로 더 큰 디자인의 케이스로 개량되어 새로운 이름을 붙여 출시되었습니다.

제품 정보

제조 업체 : NEC 홈 일렉트로닉스 NEC Home Electronics
CPU : 허드슨 소프트 Hudson Soft HuC6280
출력 색상 : 482색 (512색 팔레트 중)
RAM : 8KB RAM + 64KB VRAM
출시일 : 1987년 10월
출시지역 : 일본
출시가격 : ¥24,800

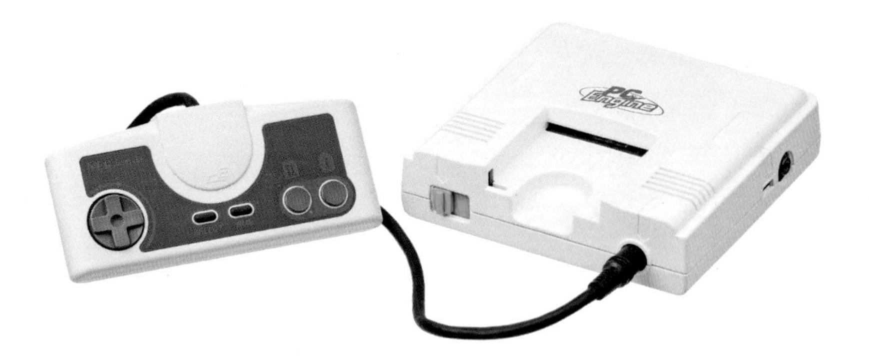

터보 그래픽스16의 북미 출시는, 세가 메가 드라이브의 해외 수출판인 제네시스Genesis와도 거의 같은 시기에 이루어졌습니다(136페이지 참조).

다만 일본에서의 성공에 비해 그다지 부족한 마케팅으로 인해서, 기대에 못 미치는 저조한 판매량을 보여줬습니다. 유럽에는 1990년에 출시될 예정이었으나 취소되어, 사전 납품된 소수 수량의 기기 만이 텔레게임즈Telegames의 통신 주문 판매점을 통해서 판매되었습니다.

CD-ROM! 우와!

사실 이 컨슈머 게임기는 당시로는 최첨단의 CD-ROM 드라이브라는 액세서리를 연결할 수 있는 최초의 비디오 게임 콘솔로, 이로 인해 더 많은 부류의 게임을 즐길 수 있었습니다.

이후 1991년 일본에서 PC엔진 듀오PC-Engine Duo가 출시되었는데, 이는 게임기 중에서 바로 CD-ROM을 억세스할 수 있는 광매체 드라이브를 기기와 통합한 최초의 일체형 CD-ROM 콘솔이었습니다. 이 기기는 터보듀오TurboDuo라는 바뀐 이름으로 1992년에 북미에 출시되었으며, 또 다시 세가의 새로운 기기인 메가CD의 수출판 세가CDSega CD와 정면으로 경쟁하게 되었습니다(156페이지 참조).

▶ 꼭 눈여겨 볼 게임 : 로드 오브 썬더LORDS OF THUNDER
(Turbo Technologies, 1993)

메인 프로세서는 8비트 일지도 모르지만 "로드 오브 썬더"와 같은 게임은, 종종 일부 16비트 게임기의 게임들보다 도 훨씬 좋아 보이기도 합니다.

"로드 오브 썬더"는 1993년 터보CDTurbo CD용으로 판매된 "게이트 오브 썬더"의 속편입니다. 7개 스테이지에 걸쳐서 진행되는 횡 스크롤 슈팅 게임이며, 각 단계마다 화려한 색상 팔레트의 그래픽으로 여러분의 눈을 매혹시킬 것입니다.

1995년에는 세가의 메가CD 버전도 등장했지만 색상 팔레트의 부족으로 이 버전보다 훨씬 떨어져 보였습니다.

▶ 꼭 해봐야 할 게임 : 최후의 인도NINJA SPIRIT
(IREM, 1990)

닌텐도의 패미컴에서는 이미 "닌자용검전Ninja Gaiden" 및 "카게의 전설Legend of Kage"와 같은 닌자 게임이 인기를 끌었지만, PC 엔진에서는 아케이드 이식작인 "최후의 인도"가 멀티 레이어 배경과 거대한 보스를 선보이고 있어 당시 플레이어 들에게 놀라운 경험을 선사했으며, 시각적으로는 이미 차원이 다른 등급 리그의 게임이었습니다.

한 자루의 검으로 무장한 여러분은 수평, 수직 스크롤 되는 화면 안에 있는 적을 처치하며 전진해 나가야 합니다. 또한 제목에도 들어가는 "분신Spirit"은 여러분을 따라다니며 플레이어와 같은 공격을 하는 이중의 역할로 당신의 생명을 구하며 게임 플레이를 도와줄 것입니다.

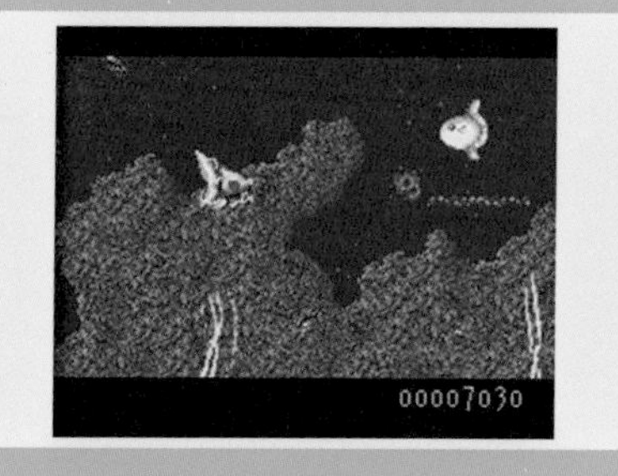

▶ 꼭 피해야 할 게임 : 딥 블루DEEP BLUE
(Pack-In-Video, 1990)

언뜻 보면 게임 안 물 속의 분위기는 꽤나 매력적으로 보일지도 모르지만, 몇 분 플레이하다 보면 쓴 맛이 나고 물에 푹 젖은 느낌이 들기 시작할 것입니다.

여러분의 임무는 물고기 모양의 배를 움직이고 적을 쏘는 것입니다. 하지만 느린 수중 컨트롤과 사격, 반복적인 게임 플레이, 그리고 한번의 피격으로 모든 파워 업 아이템(게임 난이도에 도움이 되는)을 잃는 짜증나는 설정으로 인해서, 게임의 흥미도를 더더욱 떨어트립니다.

세가SEGA
MEGA DRIVE(한국명 : 슈퍼 겜보이*)

세가는 자사의 게임기 마스터 시스템이 닌텐도의 패미컴과 NES(96페이지와 120페이지 참조)에 비해 뒤처진 것으로 인해서, 시장을 장악하기 위해서는 새로운 게임기 시스템을 개발해야 한다는 것을 깨달았습니다.
세가의 오락실용 아케이드 게임에서 뛰어난 개발자였던 메인 디자이너인 사토 히데키Sato Hideki와 이시카와 마사미Ishikawa Masami는 세가의 새로운 아케이드 기판인 '시스템 16System 16'에서 영감을 얻었는데, 이것은 "시노비Shinobi"와"수왕기Altered Beast"와 같은 게임을 구동하는 모토로라 68000 CPU기반의 보드였으며, 세가는 이 덕에 라이벌들에게 묵직한 한 방을 날릴 수 있었습니다.

이렇게 해서 개발된 메가 드라이브는 처음에 1988년 6월 "마크5 Mark V"라는 이름으로 발표되었지만, 하드웨어 성능을 더 어필하기 위해서 1988년 10월 출시에 맞추어 지금의 이름으로 변경되었습니다.
일단 첫 해 동안 50만대에 가까운 제품이 팔렸지만, 이 판매량은 닌텐도 패미컴은 커녕 심지어 먼저 나온 NEC PC엔진에 비교해 봐도 초라한 판매 수치였습니다. 하지만, 1989년 8월에 "세가 제네시스Sega Genesis"라는 변경된 이름으로 북미에 출시되자, 상황은 역전되어 많은 인기를 누리게 되었습니다.

이 북미 시장 성공의 요인 중 하나는 공격적인 마케팅이었습니다. 닌텐도를 직접 겨냥하여 16비트의 아케이드 게임에 버금가는 성능 어필을 강화하는 캠페인 이외에도, 닌텐도가

*편집 주
: 메가드라이브는 북미에선 제네시스로 판매되었지만, 한국에선 삼성에서 "삼성 겜보이"로 수입된 마스터 시스템에 맞추어 상위 브랜드인 "삼성 슈퍼 겜보이"로 판매되다가, 이후 "삼성 슈퍼 알라딘보이"라는 이름으로 변경되어 판매되었다.

제품 정보

제조 업체 : 세가 Sega
CPU : 모토로라 Motorola 68000
출력 색상 : 64색 (512색 팔레트 중)
RAM : 72KB RAM + 64KB VRAM
출시일 : 1988년 10월
출시지역 : 일본
출시가격 : ¥21,000

유명 개발업체들을 모두 독점계약으로 묶은 점을 감안한 세가는 다른 의미에서 누구나 알만한 아케이드 게임들을 가진 점을 살려서 셀럽이나 거물들을 홍보에 이용했습니다. 유명 복서인 제임스 '버스터' 더글라스James "Buster" Douglas나 세계적 가수인 마이클 잭슨Michael Jackson과 같은 유명 스포츠맨이나 연예인들과 함께 협업한 게임 타이틀을 제작하는 등 소비자들에게 즉각적인 어필과 친밀감을 형성하려고 했습니다.

팽팽한 경쟁 영역

1990년 이후 그리고 유럽 출시 이후 모든 지역에서 판매량이 증가했습니다. 또한 16비트 게임에 어울리는 라이브러리는 다양한 녹아웃 스포츠류를 개발한 일렉트로닉 아츠Electronic Arts 덕분에 성장하기 시작했습니다. 미국과 달리 유럽은 이미 마스터 시스템의 인지도와 점유율이 더욱 커서, 세가의 손아귀 안에 있는 거나 마찬가지인 시장이었습니다. 하지만 그럼에도 불구하고, 1990년대 초반 동안에 세가가 닌텐도를 앞지르는 데에 성공한 시장은 결국 북미 시장 뿐이었지만, 이후에 마스터 시스템과 마찬가지로, 메가드라이브는 남미의 브라질 시장에서도 큰 인기를 얻었습니다.

성공적인 광고

미국에서의 꽤 공격적인 광고들(혹시 "Blast Processing(*편집 주)" 슬로건을 모르는 분이 있나요?) 뿐 만이 아니라, 유럽에서는 나이가 많은 게이머들을 겨냥한 광고도 내세웠습니다. 여기에는 아무도 부인할 수 없을 만큼 멋진 "To be this good takes ages"(*편집 주) 라는 광고가 포함되었는데, 이 광고에는 인체 개조를 하는 미친 이발사와 생존을 위해 창 밖으로 뛰어나간 녀석이(제 생각에는) 등장했던 것 같습니다.

*편집 주
Blast Processing : "폭발적 처리 속도" 정도의 뜻으로 메가드라이브의 빠른 CPU속도를 강조하기 위한 세가의 광고 카피.
To be this good takes ages : "좋은 것이 되려면 시간이 걸립니다" 정도의 뜻으로 당시 세가의 광고들에 쓰인 카피 문구.

▶ 꼭 눈여겨 볼 게임 : 토이 스토리TOY STORY
(Disney Interactive, 1996)

16비트 게임기 플랫폼에서 3D로 렌더링 된 스프라이트를 본 것은 사실 이번이 처음은 아닙니다. 1994년에 이미 우리는 "동키콩 컨트리Donkey Kong Country"를 소개받았었죠. 하지만 이 게임은 메가 드라이브의 게임이고, 슈퍼 패미컴하고 경쟁하는 것을 보는 것은 영광이었습니다. 게다가 여러분이 인형 뽑기 기계에 갇혀 있을 때, 이 메가 드라이브 게임은 레벨 11에서 최고의 1인칭 화면을 선보일 것입니다.

"블러드샷Bloodshot" 및 "제로 톨레랑스Zero Tolerance" 등등의 또 다른 1인칭 게임도 있지만, 이 "토이 스토리"의 단일 레벨은 거의 전체 화면에서 놀랍도록 부드럽게 표시되었습니다. 정말이지 처음부터 끝까지 눈요기 한번 잘 하네요.

▶ 꼭 해봐야 할 게임 : 베어너클2STREETS OF RAGE 2
(Sega, 1993)

제 생각이지만, 분명 이 게임의 전작인 "베어너클Streets of Rage"는 명작 아케이드 게임 "파이날 파이트Final Fight"의 수준에 거의 근접했었고, 이 "베어너클2"는 그것을 뛰어 넘었을 정도로 더할 나위 없이 좋다고 봅니다.

만약 여러분이 보통 벨트 스크롤 액션으로 불리는 길거리 싸움 장르의 게임에 대해서 잘 모르겠다면, 한번 이 게임을 실행시켜보세요. 왜냐 하면 이것은 1990년대에 가장 유명한 벨트 스크롤 액션 게임 중 하나이기 때문입니다.

이번에는 주역들인 액셀Axel과 블레이즈Blaze가 새로운 인물 맥스MAX와 새미Skate를 동반하여 다시 등장하며, 각 캐릭터의 스프라이트가 이전보다 더욱 커졌습니다. 또한 그래픽이 더욱 세밀해지고 사운드 트랙은 믿을 수 없을 정도로 멋있어 졌으며, 새로운 특수 기술이 생겼습니다. 이건 꼭 여러분이 해봐야 하는 게임이에요!

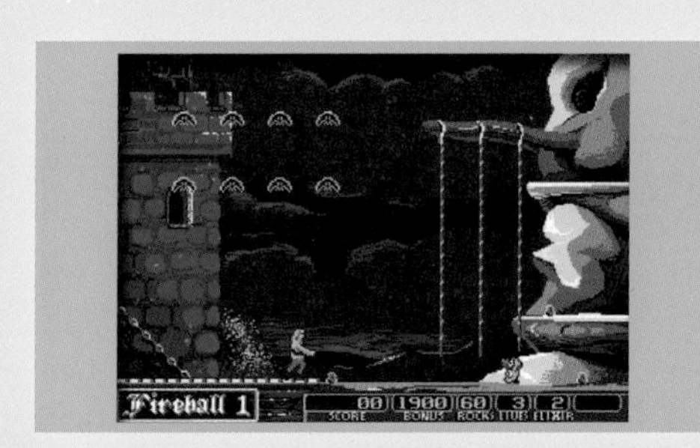

▶ 꼭 피해야 하는 게임 : 다크 캐슬DARK CASTLE
(Electronic Arts, 1991)

만약 여러분이 플랫폼 게임을 하면서 모든 놀이 요소와 재미 요소들을 제거하고, 절대적인 좌절감을 게임 곳곳에 흩뿌려 놓는다면, 여러분은 비로소 "다크 캐슬"을 얻을 수 있을 것입니다.

우리의 주인공은 성 안에 있는 자신을 발견하게 되는데, 그 성에서 그는 반복적으로 발을 딛다가 당황하며 넘어지고, 스펠랑카처럼 땅바닥으로 뛰어내리면 죽지는 않지만 어색한 스턴 모션이 나오고, 특정 동작에서 계속 뻣뻣한 팔 증후군(*편집 주)에 시달리고, 끔찍한 충돌 판정에 계속해서 희생됩니다.

편집 주

*뻣뻣한 팔 증후군(stiff-arm syndrome): 게임 속 캐릭터의 팔이나 다리가 뻣뻣하게 움직이는 현상을 말함. 이 게임에서는 특정 팔 동작이 이상하게 뻣뻣할 뿐, 고도차로 충격받는 스펠랑카 증후군이 더 자주 나옴.

MGT(Miles Gorden Techonogy)
SAM COUPÉ

자, 여러분. 여기 흥미로운 것이 있습니다. 이 SAM 쿠페SAM COUPÉ라는 하드는 1980년대가 끝나갈 무렵에 출시되었는데, 이 무렵 영국 내(그리고 나머지 대부분의 유럽 국가)에서는 여전히 카세트가 달린 ZX스펙트럼과 코모도어 64(64페이지와 68페이지 참조)를 거실 텔레비전에 연결해 사용하고 있었습니다. 일본과 미국의 콘솔들이 이미 시장에 들어와 있었지만, 개발사인 마일스 고든 테크놀로지Miles Gordon Technology는 일반 소비자들이 그들의 기존 가정용 마이크로칩 제품을 업그레이드하는 방향에 더 흥미를 느낄 것이라고 믿었습니다. 이것은 ZX 스펙트럼의 뒤를 따르는 제품의 형태로 나타났으며 또한 어느 정도 호환도 되었습니다.

마일스 고든 테크놀로지는 실제로 이런 시장 소비자들의 욕구를 잘 이해하고 있었는데, 이는 이 하드웨어 개발을 배후에서 주도한 인물들인 브루스 고든Bruce Gordon과 알란 마일스Alan Miles가 이전에 ZX 스펙트럼용의 액세서리를 개발했던 적이 있었기 때문이었습니다. 이 SAM 쿠페 본체에는 ZX 스펙트럼의 ROM이 함께 제공되지는 않았지만 스펙시(Speccy:스펙트럼의 애칭)의 48K 모드를 애뮬레이션 하는 메모리에 직접 로드할 수 있었습니다. 이 호환성과 함께 이 제품은 ZX 스펙트럼의 성능을 훨씬 능가하는 6MHz및 256KB RAM으로 클럭된 자일로그 Z80B 프로세서를 자랑합니다. 또한 테이프 로딩을 위한 데이터 레코더의 연결도 가능하지만, 케이스에 최대 2개의 3.5인치 플로피 드라이브도 설치할 수 있습니다.

제품 정보

제조 업체 : MGT(Miles Gordon Technology)
CPU : 자일로그 Zilog Z80B
출력 색상 : 16색 (128색 팔레트 중)
RAM : 256KB+
출시일 : 1989년 11월
출시지역 : 영국
출시가격 : £169.95

사실 SAM 쿠페는 8비트의 BBC Micro와 비싼 아미가와 아타리 기기들 사이에 끼어 있었지만 나름 성공을 거둘 수도 있었습니다. 하지만 아콘과 같은 회사들의 뒤를 따라 SAM 쿠페의 출시는 1989년에 이루어졌고, 이 때는 이미 늦어졌기 때문에 시기 적절하게 팔지 못했던 잉여 재고는 회사에 재정적 부담을 주었습니다.

막다른 길

결국 MGT는 1990년 6월에 법정관리로 들어갔고, 창립 파트너가 나머지 자산을 매입하여 새로 샘 컴퓨터SAM Computers Ltd를 설립했지만 여전히 제품 판매는 큰 성공을 거두지 못했습니다. SAM 쿠페 자체는 1992년 중반 총 1만여대 이상의 판매로 끝을 맺었지만, 그럼에도 불구하고 이 기기 자체는 수집가와 애호가에게 매혹적인 제품으로 남아있습니다. 왜냐하면 이것을 통해 현재의 우리들에게 ZX 스펙트럼의 흐름을 잇는 하드웨어 라인이 계속 이어졌었다면, 과연 어떻게 되었을지 간접적으로 엿볼 수 있기 때문입니다.

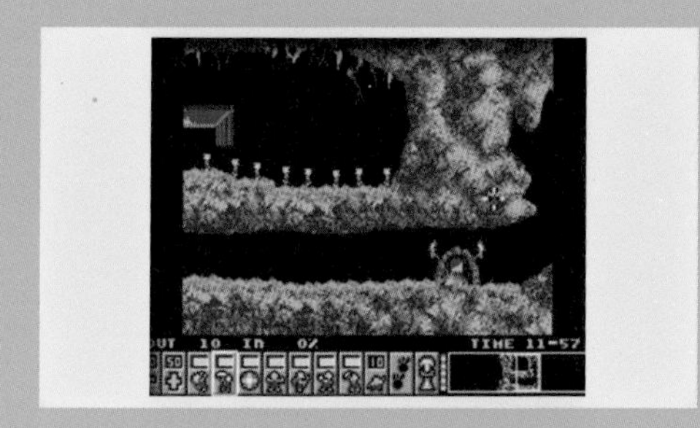

▶ 꼭 눈여겨 볼 게임 : 레밍스LEMMINGS
(FRED Publishing, 1993)

"디펜더즈 오브 더 어스Defenders of the Earth"는 SAM 쿠페가 어느 정도의 능력을 갖고 있는지 잘 보여주었으며, 3년 후에 발표된 이 "레밍스"(*편집 주)는 SAM 쿠페가 16비트 제품들을 확실히 따라잡을 수 있다는 것을 다시 확인시켜 주었습니다.

이 게임의 개념은 간단합니다. 한번에 하나의 명령 만을 수행하는 레밍들을 안전한 출구로 이동시켜야 합니다. 우리는 여러 레밍들을 출구로 움직이는 데 필요한 포인트를 알고 있으며, 이미 다른 기기들로 플레이한 적이 있습니다.

하지만 여기서 중요한 점은 여러분이 지금 아미가(116페이지 참조) 버전을 플레이하고 있다고 쉽게 착각할 수 있다는 것입니다. 왜냐하면 거의 똑같거든요!

편집 주
레밍스: 스칸디나비아반도 등 추운 기후의 지역에서 서식하는 나그네쥐로 개체 수가 늘어나면 먹이를 찾아 단체로 이주하는 습성이 있다. 심한 근시 때문에 무리의 우두머리를 무조건 따라가다가 깊은 바다를 얕은 강으로 착각해 뛰어들어 집단 사망하는 일이 벌어지곤 한다.

▶ 꼭 해봐야 할 게임 : 매닉 마이너MANIC MINER
(Revelation, 1992)

ZX 스펙트럼 버전의 이 게임은 훌륭한 게임 임이 틀림없지만, SAM 쿠페 버전은 그보다 훨씬 더 좋은 게임입니다. 이는 빠른 게임 플레이 속도와 펑키한 음악 때문이며, 그 외에는 원작과 여전히 똑같은 방식으로 광부 윌리Willy를 조종하여 동굴을 탐험하며 산소를 찾는 액션 게임입니다.

꼭 플레이 해 봐야합니다. 이 항목의 이름 그대로, 쿠페의 고전 게임 이식작 중에서도 가장 좋은 버전이기 때문이죠. (특히 제 책의 내용 중에서는…)

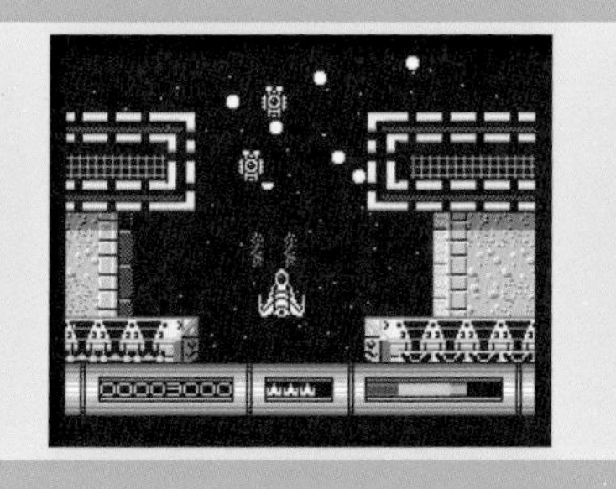

▶ 꼭 피해야 할 게임 : 스피라SPHERA
(Enigma Variations, 1990)

겉보기에 "스피라"는 꽤나 괜찮은 게임처럼 보입니다. 세로 스크롤 방식을 하고 있는 우주 슈팅 게임이며, 스테이지에 따라서는 화면도 꽤나 쾌적하고 괜찮아 보입니다.

하지만 매우 빠르게 움직이는 적들로 인해서 여러분은 생각했던 것보다 훨씬 많이 죽을 것인데, 이 때문에 꽤나 탄탄한 게임 라이브러리를 갖고 있는 제품에서 어떻게 이렇게 게임을 실망스럽게 만들었나 하며 불평할 것입니다.

닌텐도NINTENTO
SUPER FAMICOM / SUPER NES
(한국명: 현대 슈퍼 컴보이*)

세가는 1988년에 16비트 하드웨어 메가 드라이브를 출시하면서 미주 지역에서는 닌텐도를 근소한 차이로 이겼을 지 모르지만 (136페이지 참조), 전체 시장의 지분 측면에서 닌텐도는 여전히 패미컴/NES(96페이지 참조)를 내세워 앞서고 있었습니다. 따라서 닌텐도의 실적 한계에 우려를 나타내는 사람들 또한 걱정할 것이 없었습니다.

패미컴의 디자이너였던 우에무라 마사유키 Uemura Masayuki가 함께 개발에 참여했지만, 슈퍼 패미컴은 출시가 좀 늦어졌는데, 1990년 11월 21일 일본 출시 이후 초기 생산분은 즉시 매진되었습니다. 세가의 메가 드라이브가 일본에서 이미 출시되어 인기를 끌고 있었음에도 불구하고, 패미컴 제품군을 소유한 소비자들이 신뢰할 수 있는 닌텐도에서 최신 기계로 업그레이드된 슈퍼 패미컴이란 제품을 내놓자마자 다들 신제품으로 재빠르게 갈아탔고, 이런 덕분에 슈퍼 패미컴은 먼저 나온 메가 드라이브를 간단히 뛰어넘을 수 있었습니다. 이 성공은 1991년 슈퍼 패미컴의 수출판인 Super NES의 북미 출시와 1992년 유럽 출시에 대한 자신감을 불어넣었습니다.

결국 메가 드라이브가 북미와 유럽에서 나름 성공을 거두었음에도 불구하고, 슈퍼 패미컴/Super NES는 1990년대 중반에 전세계에서 약 5천만여 대라는 판매고를 기록했습니다.

*편집 주
: 삼성에서 세가 마스터 시스템과 메가 드라이브를 수입하여 '삼성 겜보이'와 '삼성 슈퍼 겜보이'로 팔았듯이, 슈퍼 패미컴도 현대전자에서 수입하여 '현대 슈퍼 컴보이'라는 이름으로 국내에 발매되었음.

제품 정보

제조 업체 : 닌텐도 Nintendo
CPU : 리코 Ricoh 5A22
출력 색상 : 256색 (32,768색 팔레트 중)
RAM : 128KB
출시일 : 1990년 11월
출시지역 : 일본
출시가격 : ¥25,000

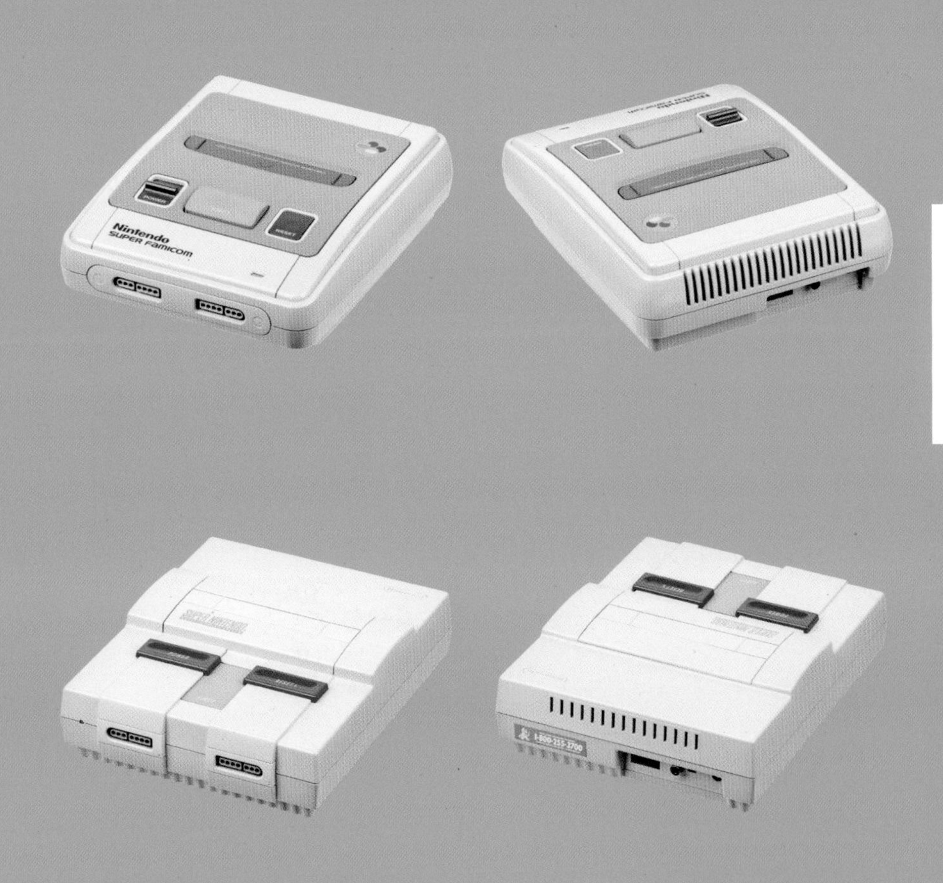

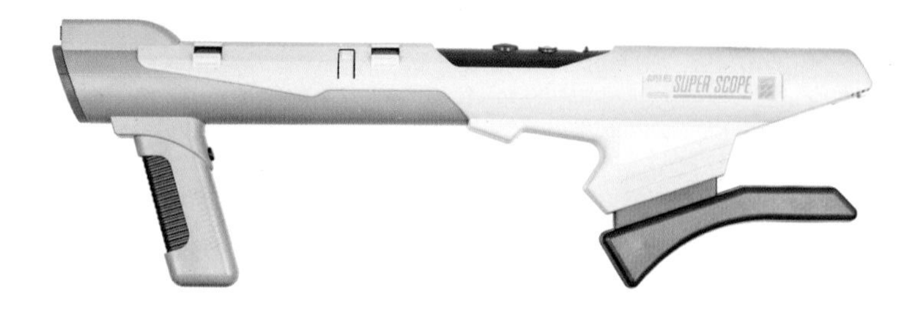

폭발적 처리능력(Blast Processing)을 갖고 있나요?

엄밀히 말해서 기술적으로 슈퍼 패미컴의 CPU는 전혀 혁명적이지 않았고, 이것은 실제로 제품의 약점이 될 부분이었습니다. 하지만 확대 축소 기능 등의 스프라이트 스케일링과 인상적인 사운드를 가능하게 하는 추가적인 보조 프로세서의 배치는, 메가 드라이브가 힘들여서 깨려고 노력했던 영역을 슈퍼 패미컴이 가볍게 뛰어넘게 해주었습니다.

닌텐도의 또 다른 숨겨둔 카드는 게임 롬팩 카트리지 안에 추가 커스텀 칩을 하드웨어에 간단하게 연결하게 해주는 기능이었는데, 이 기능은 "스타 폭스Star Fox"와 같은 재미있는 타이틀에 Super FX칩을 통합하여 3D 월드를 구현해주었습니다.

이러한 기술적 도약 외에도 슈퍼 패미컴의 패드는 소위 숄더 버튼을 표준화한 최초의 제품 중 하나로, 여러분에게 이제 익숙해진 "십자형Cut out Cross" D-패드와 함께 여러분의 손 안에 8개의 버튼을 가져다 주었습니다.

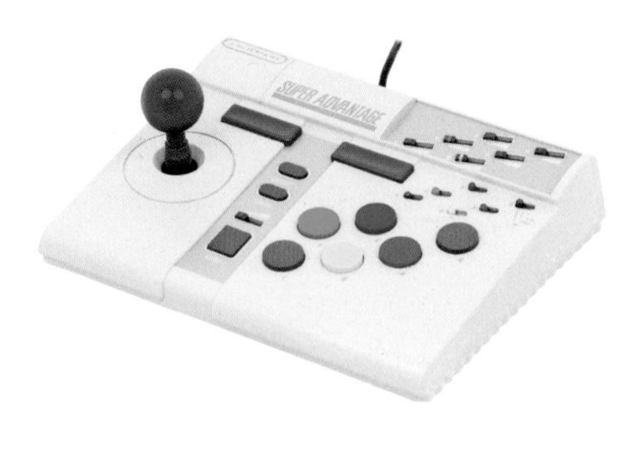

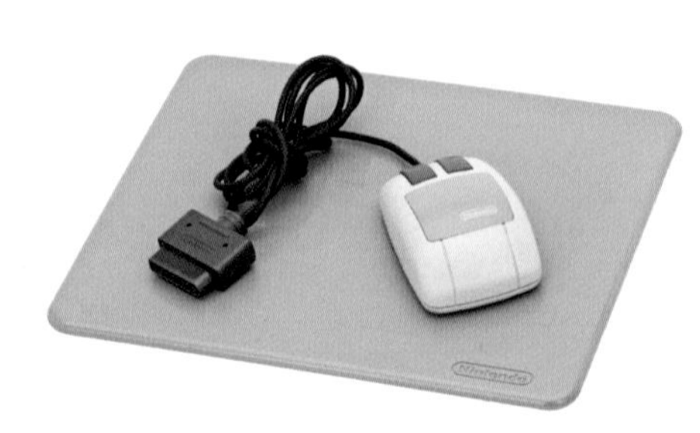

▶ 꼭 눈여겨 볼 게임 : 둠DOOM

(Williams Entertainment, 1995)

“둠”의 슈퍼 패미컴 발매 버전은 나쁜 평가를 받았지만, 저는 이에 대해 정말 불공평 하다고 생각합니다. 왜냐하면 훨씬 더 진보된 PC하드웨어를 위해 설계된 게임을, 이전 세대의 16비트 컨슈머 제품에서 실행했으니까 말이죠.

물론 그래픽의 충실도는 부족했지만 롬 카트리지에 장착된 Super FX 2 칩을 사용하여 당시에는 상상조차 할 수 없었던 일인, 16비트 콘솔로 “둠"을 만들어 낼 수 있었어요! 심지어 여기에는 아타리 재규어Atari Jaguar 및 세가 32X 이식 버전에서도 생략된 Spider Mastermind(Doom의 출현 몬스터 중 하나)도 있었습니다.

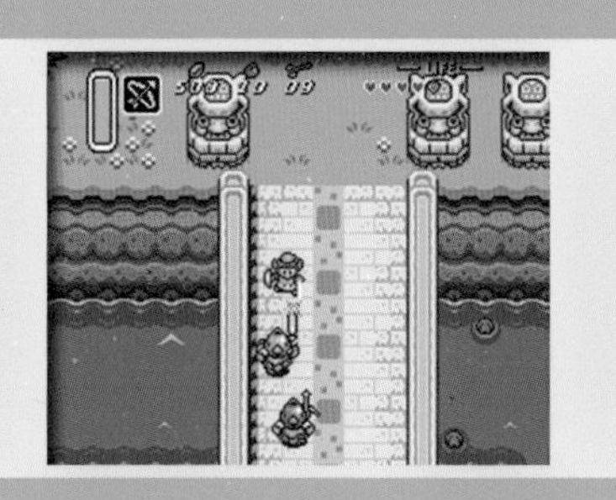

▶ 꼭 해봐야 할 게임 : 젤다의 전설 신들의 트라이포스THE LEGEND OF ZELDA: A LINK TO THE PAST

(Nintendo, 1991)

슈퍼 패미컴에는 정말 많은 좋은 게임들이 있지만, 저는 “젤다의 전설 신들의 트라이포스”만큼 여러분을 판타지 세계로 끌어들일 만한 게임은 없다고 감히 생각합니다.

검을 얻고 처음 휘두르는 것부터 이어지는 수많은 보스 전투에 이르기까지, 모든 진행이 마음을 뒤흔들고 병에 갇힌 요정을 찾아 감동을 얻는 등, 패미컴이 할 수 있는 모든 일을 슈퍼 패미컴은 그보다 더 잘 해냈습니다. 이 게임은 단지 슈퍼 패미컴에서 꼭 해봐야 할 수준의 게임이 아닙니다. 그냥 역대 최고의 꼭 해봐야 할 게임 중 하나입니다.

▶ 꼭 피해야 할 게임 : 레스터 더 언라이클리LESTER THE UNLIKELY

(DTMC, 1994)

콘솔 생활을 하다보면 ‘미리 알았으면 좋았을 텐데’라는 생각에 빠지게 될 때가 있습니다. 그리고, 여기에 콘솔 만이 삶이라는 특수한 계층에게 미리 알았으면 좋았을 게임이 있습니다. 주인공 레스터는 배 위 팔레트(*편집 주)에서 잠이 든 후 깨어났더니 섬에 혼자 조난 당한 자신을 발견했습니다. 여러분은 레스터를 섬에서 탈출 시켜야 하는데, 게임 속 행동의 자유를 구현하는 과정에서 여러분이 이 주인공을 돌보려는 의지를 모두 잃게 된다고 해도 과언이 아닙니다.

이 게임은 모든 것이 어색하다고 느껴지는데, 뭐 주인공 캐릭터는 괴짜라고 생각할 수 있지만, 그냥 동네 바보처럼 걸어 다니며 음향 효과는 거슬리고, 조작감은 다 늘어난 팬티보다 느슨합니다.

편집 주

팔레트: 상품 적재용 깔판. 흔히 파렛트라고 한다.

SNK
NEO GEO

오락실이 왕이던 시대에 여러분은 무엇을 할 건가요? 음…, 여러분에게 그 왕을 집으로 가져다준다고 하면 어떨까요? 1990년 일본 비디오 게임 회사인 SNK Corporation가 출시한 이 콘솔은 다른 콘솔들과 달랐습니다.

원래 네오지오Neo Geo 하드웨어는 오락실용 게임 시스템에서 시작되었습니다. 바로 MVS, 멀티 비디오 시스템Multi Video System으로 알려져 있는 이 아케이드 시스템은 여러 개의 게임 카트리지들을 동일한 시스템 기판 하나에서 실행할 수 있었습니다.

그런 다음 진정한 아케이드 게임을 경험하고 싶은 럭셔리 게이머를 겨냥한 콘솔 형식으로 나아갔지만, 이것은 본래 일본에서 기기를 대여하는 임대 시스템으로 사용하게 하려했던 초기의 계획과는 거리가 멀었습니다.

단순히 오락실 기기를 대여하는 것이 아닌 구매를 원하는 고객의 요구로 인해, 결국 SNK는 MVS의 소매 판매 버전인 가정용 네오지오, 즉 'Advanced Entertainment System(AES)'이 탄생했으며 1991년 중반 일본과 북미에서 출시되었습니다.

제품 정보

제조 업체 : SNK Corporation
CPU : 모토로라 Motorola 68000 + 자일로그 Zilog Z80
출력 색상 : 4096색 (65,536색 팔레트 중)
RAM : 150KB
출시일 : 1991년 6월
출시지역 : 일본, 북미
출시가격 : $649

미국에서 네오지오 게임기 시스템은 649달러에 출시되었지만, 게임 패키지 가격은 최대 300달러에 달했습니다. 이 때 상대적으로 높은 가격과 대세가 된 3D 게임(Neo Geo의 역량을 벗어난)들의 출시에도 불구하고, 네오지오 게임기는 꾸준히 열성적인 애호가들이 등장한 것과 함께 1997년까지 제품이 계속 생산되었습니다. 그리고 소프트웨어의 생산은 2004년까지도 계속되어 마지막 공식 게임인 "사무라이 스피리츠 제로 스페셜Samurai Shodown V Special"로 마무리되었습니다.

원래 네오지오의 CD-ROM 기기 네오지오CD는 1994년에 업그레이드용으로 출시되었고 결국에는 올인원 시스템으로 출시되었습니다. 네오지오CD의 CD-ROM 데이터 읽기 속도(1배속)는 매우 심각한 문제로 지적되었지만, 다른 한편으로는 CD-ROM으로 나온 게임 가격은 기존 시스템용 롬 카트리지 게임의 6분의 1 정도 수준으로 상당히 저렴했습니다. 물론 이 기기는 당연히 오디오 CD를 재생할 수도 있었습니다(당시에는 물론 유용했습니다).

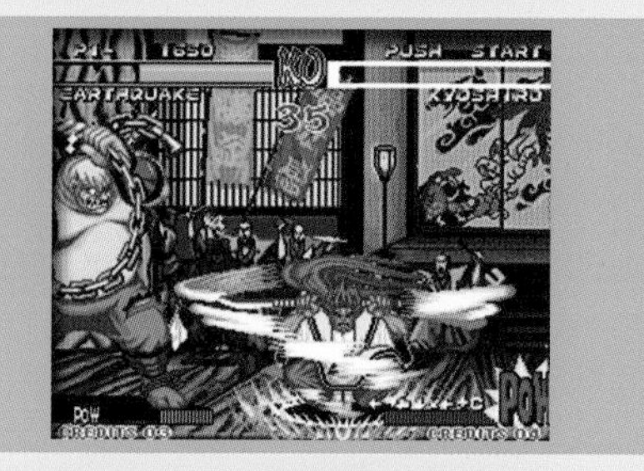

▶ 꼭 눈여겨 볼 게임 : 진 사무라이 스피리츠SAMURAI SHODOWN II
(SNK, 1994)

여기 네오 지오에만 있는 가정용 버전의 오락실 아케이드 게임이 있습니다. 따라서 이 게임을 즐길 플레이어 숫자는 제한되었지만, 반대로 하드웨어를 갖고 있는 사람들에게는 오감을 만족시키는 훌륭하고 세심한 산해진미 같은 것이었습니다.

이 게임은 무기를 갖고 싸우는 게임입니다. 각 캐릭터의 크고 유동적인 스프라이트에 완벽하게 맞춘 크고 깔끔한 무기 말이죠 (진지하게 말해서 이 게임 캐릭터 중 일부는 확대했을 때 화면의 절반을 차지하기도 합니다). 게임 속 그래픽의 확대 축소 스케일링은 또 다른 방향의 멋진 기능이며, 서로 멀리 떨어져서 싸우지 않을 때는 필드를 축소해서 볼 수 있지만, 서로 접근해 액션을 시작하자 마자 카메라는 확대되어 캐릭터를 비출 것입니다.

이것은 정말로 멋진 예술 작품입니다.

▶ 꼭 해봐야 할 게임 : 메탈 슬러그METAL SLUG
(SNK, 1996)

이 게임은 아마도 가장 인기와 지명도가 높고 중고가가 비싼 네오 지오 게임일 것입니다. 1대1 대전격투게임만 넘쳐나는 유행의 바다에서, 빠른 속도의 슈팅 액션 게임이 시장을 깨부순 것이 신선했습니다.

물론 빠른 속도의 게임이라면 그것에 즉각적으로 반응하는 컨트롤도 필요한데, 고맙게도 "메탈 슬러그"는 그것을 통해 느낄 수 있는 재미들도 모두 충족합니다.

여러분이 해야 할 일은 당신을 향해 다가오는 군인 무리를 쳐부수고 죄수들을 구하여 그곳을 벗어나는 것입니다. 분명 이 게임은 집에서 오락실 게임을 진짜로 체험할 수 있는 완벽한 게임입니다.

▶ 꼭 피해야 할 게임 : 내일의 죠 전설LEGEND OF SUCCESS JOE
(Wave Corp, 1991)

이 게임이 아미가의 타이틀이라고 가정한다면, 아마도 용서받을 수 있을 것입니다. 그렇다고 아미가 게임들이 나쁘다는 뜻은 아니지만, 적어도 네오 지오의 게임 타이틀들은 다른 레벨의 리그에 있어야 합니다.

이 게임의 핵심은 복싱이지만, 여러분은 라운드 중간마다 마치 마이클 잭슨의 뮤직 비디오 속 브레이크 댄스처럼 흐느적거리는 라커룸 싸움에 뒤섞인 자신을 발견하게 될 것입니다. 그래픽 또한 딱히 좋지 않을 뿐만 아니라, 게임의 개념 구현도 마찬가지로 좋지 않습니다.

여러분이 만약에 이 게임을 정가를 주고 구매했다면 정말 실망할 것입니다.

필립스PHILIPS CD-i

1990년대 초부터 CD-ROM 드라이브는 여러 PC들과 호환되기 시작했고, 700MB 데이터 제한도 결국 넘어버리고 말았습니다. 이제 모든 백과사전이나 방대한 데이터 양의 판타지 게임들이 디스크 한 장에 들어갈 수 있게 되었습니다. 그러나, 당시에 CD-ROM이 달린 PC의 전체 설치는 비용이 많이 들었습니다. 필립스는 기존의 비디오와 오디오 장비들에 적합하게 설계된 대화형 멀티미디어 CD 플레이어를 전용 제어 패드(또는 VCR방식의 리모컨)을 통해 게임을 플레이할 수 있다는 이점으로 마케팅의 방향을 변화시키기로 했습니다.

이렇게해서 태어난 CD-i는 전용 키보드나 마우스 같은 입력 도구는 없었지만, TV를 통해 새로운 데이터 세계를 거실에 쏟아 부을 수 있었습니다. 이것만으로도 소비자의 흥미를 불러일으키기에는 충분했습니다. 여러분은 실제로 이런 기기 하나를 갖고 있었거나 텔레비전 쇼에서 시연되는 것을 본적이 있을 것입니다.
CD-ROM뿐만이 아니라, 인터넷도 이제 막 퍼지기 시작했고, 이 CD-i는 게임과 e메일 액세스가 포함되어 있었기 때문에, 온라인에 접속할 수 있게 해주었습니다.

하지만 1991년 12월에 출시된 CD-i의 개념은 시대를 훨씬 앞서간 것이었기 때문에, 결국 구매할 수 있는 소프트웨어 라이브러리가 부족했습니다.

제품 정보

제조 업체 : 필립스 Philips
CPU : 필립스 Philips SCC68070
출력 색상 : 32,768색(1677만 색 24비트 트루 컬러 팔레트 중)
RAM : 1MB
출시일 : 1991년 12월
출시지역 : 북미
출시가격 : $700

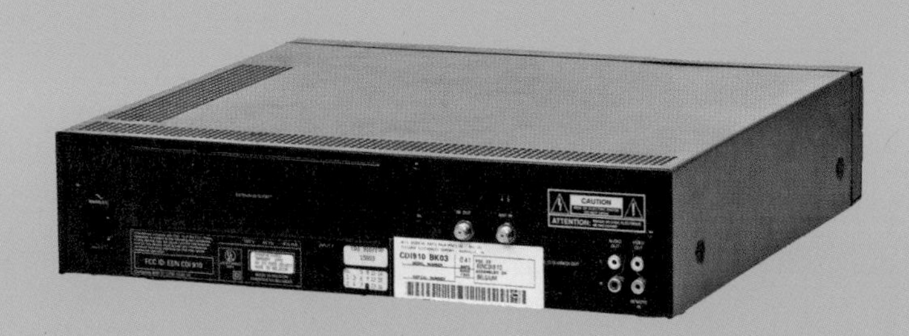

하지만, 당시는 많은 사람들이 이런 종합 멀티미디어 기기의 필요성을 그다지 느끼지 못했던 시기와 세상이었습니다. 이런 기기의 필요성 대부분은 게임 콘솔과 VCR의 조합에 집중되었고, CD-i는 1990년대 내내 여러가지 시행착오를 겪다가 결국 1998년에 생산이 중단되었습니다.

물론 완벽하게 실패한 것은 절대 아니었고, 장기적으로는 분명히 필요한 소비자층들을 찾았을 것입니다. 하지만, 빌 게이츠Bill Gates는 이렇게 말했습니다. "그것은 과도기 제품이였습니다. 게임기로써 형편없었으며, PC로도 형편없었습니다" 라고요.

▶ **꼭 눈여겨 볼 게임 : 아틀란티스 더 라스트 리조트**ATLANTIS: THE LAST RESORT
(Philips Interactive Media, 1997)

CD-i는 FPS=1인칭 슈팅 게임이 본격적 인기를 얻기 전에 세계에 등장했습니다. 하지만 이 하드웨어에서 작동되는 것을 보면 정말 놀라움을 감출 수 없습니다. 사실 일부 CD-i 소프트웨어는 고등학교 과제 수준의 것처럼 보이지만 이 게임의 경우 텍스처 매핑된 벽, 높은 프레임, 그리고 놀라운 재미가 있었습니다.

그리고, 이 게임은 영국 CD-i 잡지와 함께 무료로 제공된 게임인 "램 레이드Ram Raid"의 후손입니다.

▶ **꼭 해봐야 할 게임 : 뮤턴트 램페이지: 보디슬램**MUTANT RAMPAGE: BODYSLAM
(Philips Interactive Media, 1994)

CD-i에는 "마이크로 머신Micro Machines", "레밍스Lemmings", "미스트Myst"등 몇 가지 괜찮은 게임들이 있습니다. 하지만 이 기계의 진정한 성능을 느끼기 위해서는 여러분은 독점 게임 중 하나를 해봐야 하는데 "뮤턴트 램페이지: 보디슬램"은 그 중 하나이며 꽤나 재미있습니다.

처음부터 우리는 이 게임이 재미있다고 느낄 수 있으며, 여러 게임 중 이것이 승자라는 것은 분명히 알 수 있습니다. 이 게임 자체는 "더블 드래곤"이나 "베어너클"과 같은 맥락에 있으며, 헤비메탈 음악을 동반한 이 게임은 처음부터 끝까지 재미있는 놀이기구와 같습니다.

▶ **꼭 피해야 할 게임 : 더 왝키 월드 오브 미니어쳐 골프 윗 유진 레비**THE WACKY WORLD OF MINIATURE GOLF WITH EUGENE LEVY
(Philips Interactive Media, 1993)

CD-i의 많은 타이틀들은 끔찍하지만… 아, 분명히 할께요. 실제로 나쁜 게임들이 많지만, 그 중에서 이건 제가 생각할 수 있는 최악의 게임입니다.

이 게임의 요점은, 가능한한 엉뚱한 골프를 쳐서 최저점을 얻는 것입니다.

유진 레비Eugene Levy가 가끔 우리에게 몇 가지 끔찍한 농담을 던지며 말참견을 하는데, 그것은 매우 옳기도 하고 완전히 틀리기도 합니다. 이건 정말로 아니라고요.

*편집 주
유진 레비: 아메리칸 파이 등의 영화에 출연한 캐나다 출신의 배우 겸 코메디언.

세가SEGA
MEGA CD

일본의 세가가 JVCVictor Company of Japan, Ltd.와 제휴하여 CD대응 게임기의 개발을 했던 이유는, CD기반 미디어의 인기를 활용하는 동시에 PC엔진 CD-ROM 시스템을 능가하는 기계를 만들려 했기 때문입니다.

이러한 목적을 위해서 스프라이트와 타일 맵의 확장 및 회전(슈퍼패미콤의 Mode 7처럼)이 모두 가능한 커스텀 GPU와, 856KB의 RAM을 추가하였으며, 메가 드라이브의 기존 하드웨어와 페어링 하기 위해서 모토로라 68000 또한 추가하였습니다.

당시 경쟁자들에 비해서 상대적으로 훌륭한 이 사양은, 메가CDMega CD가 예상보다 높은 가격으로 출시되었지만, 세가 매니아들과 럭셔리 게이머들 양측 모두를 위한 제품이 될 것이라는 걸 의미했습니다.

1991년 12월 12일 일본에서 출시된 메가CD는 꾸준한 판매량을 보여주었지만, 기존 메가 드라이브가 반드시 필요하다는 제한 사항이 있었기 때문에 결국 북미에 출시가 되고서야(SEGA CD) 메가CD의 전체 판매량이 30만대를 돌파했습니다.

제품 정보

제조 업체 : 세가 Sega
CPU : 모토로라 Motorola 68000
출력 색상 : 64색 (512색 팔레트 중)
RAM : 856KB
출시일 : 1991년 12월
출시지역 : 일본
출시가격 : ¥49,800

1993년 4월 영국에서의 출시가 지연되고 나서는, 유럽의 나머지 국가들에서도 다른 경쟁 제품들과의 대결에 직면하게 되었습니다 (예: 아미가 CD32 및 3DO. 각각 168페이지와 172페이지 참조). 그래서 기존 메가 드라이브 유저 만의 제한적인 시장의 상황과 맞물려 시장에서 크게 인기를 끌지는 못했습니다.

수정된 개량 모델인 메가 CD 2는 불과 몇 달 후에 출시되었는데, 메가 드라이브 2와 거의 비슷하게 생겼습니다.

풀모션 비디오FMV의 멋진 신세계

풀 모션 비디오가 게임기에서 튀어나온다는 건 1990년대 초에는 제법 대단한 것이었습니다. 예정대로면 하스브로Hasbro의 컨트롤 비전 Control-Vision이란 콘솔용으로 출시되려던 여러 게임들이 취소되며 메가 CD의 게임 타이틀로 출시되었습니다. 이 게임들은 메가 드라이브의 제한된 색상 팔레트의 표현 한계에도 불구하고 일단 외관상으로는 무난히 괜찮아 보이는 듯 해도 큰 문제가 하나 있었습니다. 그것은 바로 플레이어가 게임 속 주인공의 행동에 맞추어 제한적으로 움직일 수 밖에 없는, 온-레일 슈팅 게임on-rail shooting game 방식의 타이밍 맞추기 게임들로 제한되었다는 것입니다.

▶ **꼭 눈여겨 볼 게임 : 파이날 파이트 CD**FINAL FIGHT CD
(Sega, 1993)

이 게임은 아케이드 클래식 부류 액션 게임 중에서도 최고의 게임입니다. 왜냐하면 3명의 캐릭터, 쿵쿵 거리는 사운드 트랙, 그리고 다른 기종의 이식작과 달리 여러분이 바라는 모든 스테이지가 있기 때문입니다.

게다가 이 길거리 싸움은 훌륭하게 컨트롤이 가능하며 오락실 버전 게임과 거의 동일합니다.

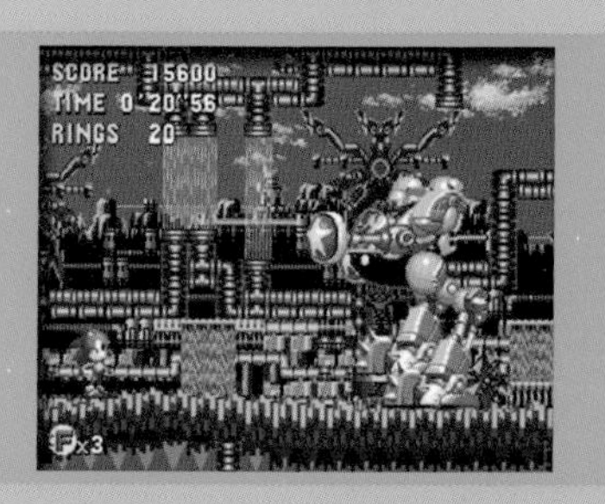

▶ **꼭 해봐야 할 게임 : 소닉CD**SONIC CD
(Sega, 1993)

저는 항상 "소닉CD"에게 마음을 뺏겼습니다. 원작인 "소닉 더 헤지혹"와 "소닉2"가 교차하는 것 같은데, 이 부분에는 사실 그럴 만한 이유가 있습니다. 왜냐하면 "소닉2"와 동시에 개발을 시작했지만 별도의 팀에서 개발했기 때문입니다.

하지만 그럼에도 이 작품이 대단한 "소닉"게임인 이유는, 원작의 예술적인 아트 감각과 더불어서 "소닉2"의 추가 기능인 소닉 대시도 갖고 있기 때문입니다. 여기에 더해서 방대한 게임 세계 속에서도, 레벨 전반에 걸쳐 다양한 지점에서 과거 또는 미래로 이동함으로써 레벨을 변경할 수도 있다는 것도 큰 장점입니다.

조작감은 착 달라붙는데, 사실 여러분들 모두가 소닉 게임에서 원하는 것은 이게 전부일 겁니다.

▶ **꼭 피해야 할 게임 : 브람 스토커의 드라큘라**BRAM STOKER'S DRACULA
(Sony Imagesoft, 1993)

게임의 기본 전제: 조나단 하커Jonathan Harker는 7개의 디지털화된 배경을 가로질러 움직이는데(괜찮게 잘 완성된 디자인의 배경), 일단 모두 영화에 기반을 두었고 스토리 내레이션으로 묶었습니다.

게임의 기본적인 문제: 시체들의 축제 같은 느린 움직임에다가 충돌 판정이 비참할 정도로 형편없어서, 이 삼류 공포물을 더욱 더 '못' 해먹게 만들고 있습니다. 네, 그래요. 말 그대로 이 게임의 관짝에 '못'을 박는 수준이란 이야기를 하는 겁니다. 심지어 여러분은 일부 문과 벽을 그대로 통과할 수도 있다고요. 세상에나.

아타리ATARI FALCON

1992년 내내 아타리는 계속해서 게임 시장 경쟁에서 뒤쳐지며 경영적으로 심각한 문제를 겪고 있었는데, 그 해 상반기에만 5,360만 달러의 손실을 보았기에, 아타리는 어떻게든 조치를 취해야만 했습니다. 허나 왼쪽에는 경쟁자 16비트 콘솔이 있었고, 오른쪽에는 PC 호환기들이, 정면에는 바로 아미가가 있었습니다(164페이지 참조).

아타리 ST 번들의 가격은 이미 영국판 UK STE가 249.99파운드로 인하했는데, 그들에게는 그보다 좀 더 큰 비장의 한 수가 있었습니다.

독일 뒤셀도르프에서 열린 아타리의 6번째 박람회에서 팔콘Falcon이 공개되었는데, 이 새로운 기계는 얼핏 보면 단지 디자인만 다른 아타리 ST로 오인하기 쉬웠습니다. 케이스도 똑같았고 사이즈도 같았으며, 심지어 그 많은 커넥터들도 똑같았습니다. 유일한 차이점은 색상과 팔콘 030 배지 바로 옆에 있는 아타리 로고였습니다. 어쨌든 이러한 외부 재설계는 내부 부품 개선의 경이로움에 비하면 다소 부족해 보였습니다.

제품 정보

제조 업체 : 아타리 코퍼레이션 Atari Corp.
CPU : 모토로라 Motorola 68030
출력 색상 : 65,535색
RAM : 1~14MB
출시일 : 1992년 8월
출시지역 : 유럽
출시가격 : £499 (1MB 모델) / £899 (4MB 모델)

하지만 개선된 프로세서를 포함해, FPU(옵션)와 새로운 VIDEL비델 그래픽 컨트롤러, 그리고 모토로라의 56001 Digital Signal Processor(전용 68030 CPU와는 별도)도 있습니다. 이로써 팔콘은 전문가용과 게임용 등 모든 분야에 진출할 수 있게 되었습니다. 하지만 아타리의 예산은 팔콘을 소비자들에게 어필하기에는 충분하지 않았는데, 이로 인해서 상대적으로 높은 가격대로 책정되었고 주력 구매층이 될만한 시장은 당시로는 틈새시장에 가까운 소수 대상이었습니다. 즉, 아타리의 팔콘이 활약할 수 있는 곳은 전문시장이라는 것을 당시 소비자들은 바로 알아챘고, 그로 인해 소수의 소비자들에게만 팔렸습니다.

제 관점으로는 아타리의 가정용 컴퓨터의 결말은 정말 슬프네요. 특히 이런 탐나는 기계들은 말이죠.

▶ **꼭 눈여겨 볼 게임 : 타워II 플라이트 오브 더 스타게이저**

TOWERS II: PLIGHT OF THE STARGAZER

(JV Enterprises, 1995)

팔콘은 거대한 게임 라이브러리를 갖고 있지는 않았지만 제 흥미를 끌고 기계의 성능을 과시하기에 충분한 게임이 있습니다. 그것은 바로 "타워II"인데, 이 게임은 어느 정도 익숙해진 던전 크롤링 계열의 RPG이지만, 팔콘 기반이기 때문에 전작보다 훨씬 발전했습니다.

실시간 3D 움직임은 꽤나 인상적인데, 특히 완전히 3D 렌더링된 객체와 결합할 때 더욱 더 그 빛을 발합니다. 마치 "던전 마스터"가 한 단계 진화한 느낌입니다. 익숙한 아타리 마우스로 조종하고 배경 이야기를 손에 들고, 남은 할 일은 어두운 분위기를 헤쳐 나가면서 마법사 군주 다건Daggan을 찾는 것입니다.

▶ **꼭 해봐야 할 게임 : 로빈슨즈 레퀴엠**ROBINSON'S REQUIEM

(Silmarlis, 1994)

어떤 사람들에게는 이 게임은 약간의 커브 볼 계열 변화구 같은 존재일지도 모릅니다.

여기 ST Format의 복사본에서 읽은 기억이 생생하게 기억나는 게임이 있습니다. 그리고 그 이후로 이 게임의 추억은 쭉 저와 함께하고 있습니다. 이 게임은 1인칭 시점으로 진행되는 서바이벌 게임인데, 제가 여태까지 본 그 어떤 게임과도 달랐습니다.

플레이어는 "로빈슨"이라는 이름을 갖고 있는데 여러분은 미개척지에 있는 자신을 발견하게 되었고 살아남기 위하여 주변 환경을 최대한 활용해야만 합니다. 플레이 하는 동안 여러분은 보급품을 찾고 스스로를 치료하고 적을 물리치는 동시에 탈출에 필요한 요소들을 찾아내야 합니다.

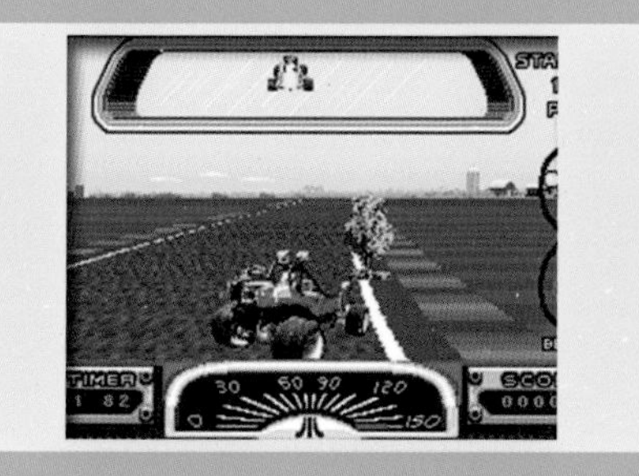

▶ **꼭 피해야 하는 게임 : 로드 라이어트 4WD**ROAD RIOT 4WD

(Atari, 1993)

이 게임은 보기에는 나름 즐거워 보이지만 실제 플레이가 형편없다는 점에서 결국 기만적인 게임이라고 할 수 있습니다. 사실 이 게임은 1991년에 제한 발매된 오락실 버전으로 먼저 존재했었는데, 팔콘 버전은 게임을 실행하는 것에는 문제가 없지만 게임을 플레이하는 것에 문제가 있었습니다.

그건 바로 플레이어의 버기 차량이 트랙의 50%를 차지할 정도로 엄청나게 크기 때문에, 등장하는 장애물을 피하는 것은 거의 불가능에 가깝다는 것이었습니다. 추가로 여러분은 겉보기에는 떨어져 있는 물건들과 계속 부딪칠 것이고, 그 때마다 상대방이 여러분을 지나쳐 앞질러 간다는 사실과도 싸워야 할 것입니다.

코모도어Commodore
AMIGA 1200

어느새 시장이 몰락하고 있고, 자신들은 시장에서 나락으로 급히 떨어지고 있다는 것을 알아차린 것은 아타리 뿐만이 아니었습니다. 500개 이상의 최신 모델에 이르는 OCS및 ECS 아미가 칩셋은 출시 당시에는 놀라운 성과를 거두었지만, 1992년에 이르러서는 시장의 변화를 따라잡기 위해서 고군분투하고 있었습니다. 코모도어는 당초 1년 전에 보다 강력한 칩셋을 완성할 계획이었으나 관리상의 문제로 인하여 AGA로 알려진 칩셋이 마지막 제품이 되었고, 이 칩셋의 주력 사용처는 아미가 1200이었습니다.

아타리의 팔콘(160페이지 참조)하고도 거의 같은 시기에 출시되었지만, 이 아미가 1200은 팔콘과 비교해도 상대적으로 저렴했으며, 특히 게임시장에서 브랜드의 위치가 견고했습니다. 사실 코모도어는 세가의 메가 드라이브 및 닌텐도의 슈퍼 패미컴과 같은 경쟁 제품들(136페이지 및 144페이지 참조)을 목표로 삼았으며, 동시에 아미가 600의 형태로 A500만큼 더 작고 비용이 절감된 버전을 출시했습니다. A1200은 시장의 대부분을 흡수할 준비가 되어 있었습니다.

제품 정보

제조 업체 : 코모도어 Commodore International
CPU : 모토로라 Motorola 68EC020
출력 색상 : 262,144색(1천6백77만색 24비트 트루 컬러 팔레트 중)
RAM : 2MB
출시일 : 1992년 10월
출시지역 : 영국
출시가격 : £399

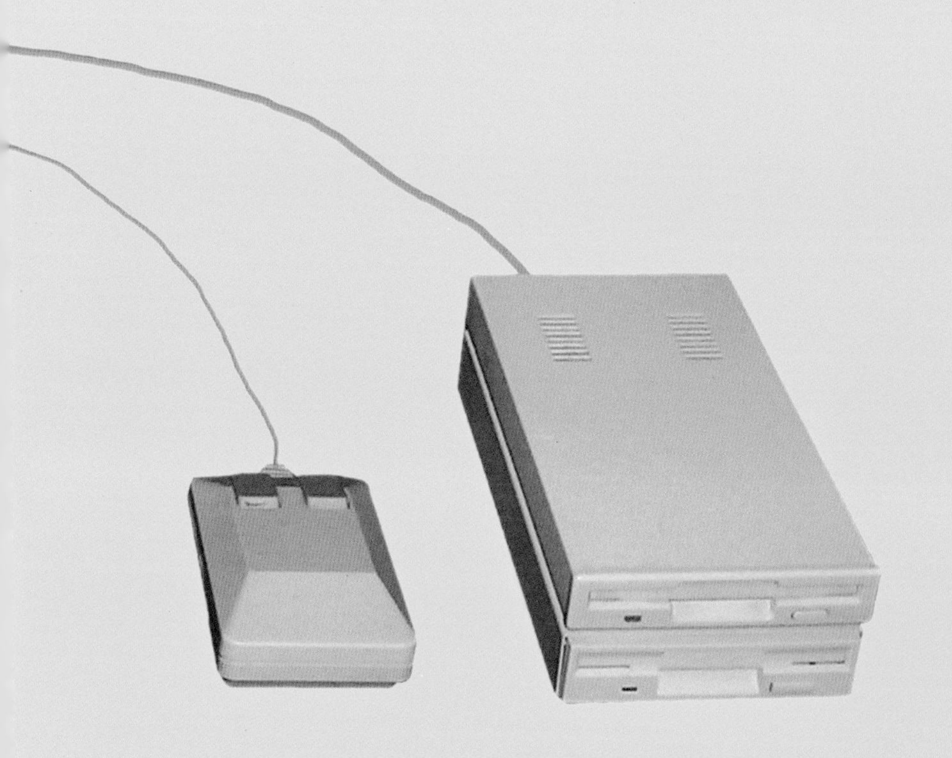

따라서 첫 해의 판매량은 좋았으나, 얼마 지나지 않아서 곧 코모도어는 제품의 존폐를 위협할 정도의 재정적 어려움에 직면하게 되었습니다. 결국 1995년 에스콤Escom에 코모도어가 매각되었을 때 잠깐 재출시되었지만 그때 쯤에는 장기전 양상을 띠기 시작했습니다.

팩에서 벗어나다

대부분의 이전 아미가 제품군과 달리 A1200에는 32비트 모토로라 68EC020 CPU가 있었습니다.

기존 대비 2배 용량의 RAM 및 1,680만 색상 팔레트에, 개선된 스프라이트 처리 및 간소화된 비디오 메모리를 제공하는 AGA 칩셋 등, 이러한 개선으로 인해 소비자들에게 보기 즐거운 그래픽을 선사했습니다. 하지만, 부분적으로만 호환되는 다른 업그레이드된 시스템(예: 아타리 STE)과 마찬가지로, 많은 퍼블리셔가 본래 인기 있던 과거 타이틀들을 새롭게 이식해 출시하는 데에만 집착하게 되어 결과적으로 AGA enhanced라 불리는 아미가 2세대 기기 사용자들의 게임층이 적어지는 결과를 초래했습니다.

▶ 꼭 눈여겨 볼 게임 : 글룸GLOOM (Guildhall Leisure Services, 1995)

"둠"이 모든 게임 잡지와 TV쇼에 나오는 동안 다른 게임이 아미가의 주인이 되기에는 무리가 있었습니다. 제 말은 여기에 게임용 제품의 선두에 서있는 아미가가 있었고, 이 기기의 성능은 다른 동시기의 경쟁제품들을 물 밖으로 날려버릴 정도였다는 것입니다. 게다가 동시기에 FPS(1인칭 시점 슈팅) 게임의 흥행은 우리가 간절히 원했으나 정말 손이 닿지 않는 곳에 있는 것처럼 보였습니다.

하지만 블랙 매직 소프트웨어Black Magic Software는 "글룸"을 이용해서 다시 자리를 잡았습니다. 이 게임은 "둠"과는 달리 AGA칩셋을 적극적으로 사용해서 더 합리적인 근사치를 뽑아냈는데, 확실히 화소들은 더 딱딱하고 움직임이 약간 더 떨리는 느낌이 있지만, 그럼에도 여전히 프로그래밍의 기능은 압도적이고 위업적이었습니다. 이는 둠을 하기 위해서 PC를 살 돈을 절약할 수 있기에 충분한 퀄리티였습니다. 아, 한 가지 흥미로운 점은 바로 게임 속 비명 소리인데, 영화 에이리언2에서 직접 추출한 것이라는 점입니다.

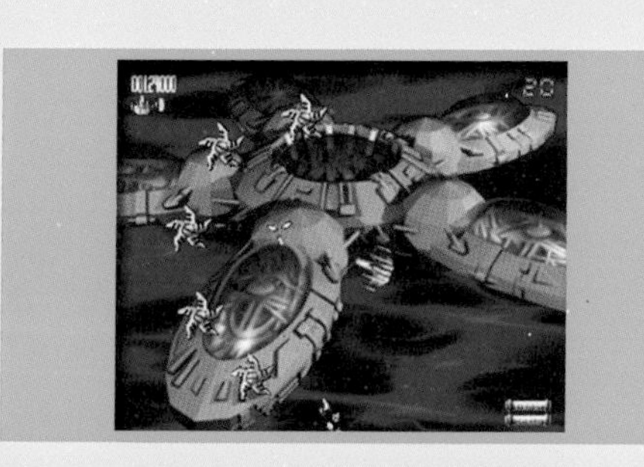

▶ 꼭 해봐야 할 게임 : 슈퍼 스타더스트SUPER STARDUST (Team17, 1994)

만약 여러분이 최첨단 그래픽과 소행성을 결합한다면 무엇이 나올 거라 연상될려나요? 글쎄요, 제 생각에는 아마도 그것은 바로 이 "슈퍼 스타더스트"임이 틀림없을 것입니다.

샤먼드Shamund 교수를 물리친 지 1년 후에, 교수는 복수를 위해 다시 돌아왔습니다. 교수는 보 레비Voi Levi공주를 납치할 뿐만이 아니라 여러분을 파괴하기 위해 여기까지 왔습니다. 이제 여러분은 우주선을 타고 멋진 배경, 레이저 추적 스프라이트, 3D효과 터널, 놀라운 펄스 사운드 트랙을 감상하며 길을 나아가면 곧 "슈퍼 스타더스트"를 통과할 것이며, 여러분은 게임이 끝나도 곧바로 처음부터 다시 시작할 것입니다.

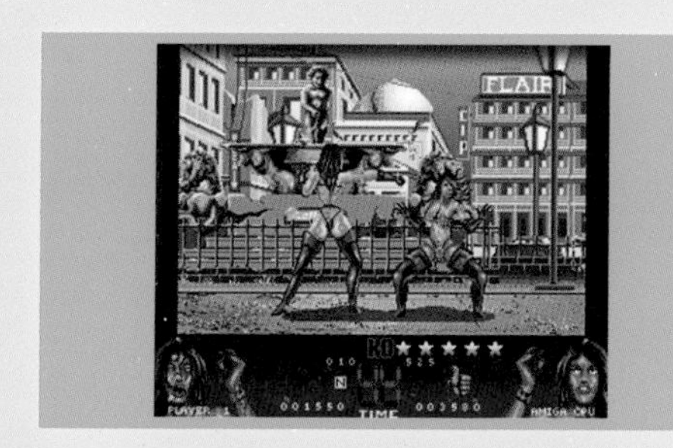

▶ 꼭 피해야 할 게임 : 데인저러스 스트리츠 DANGEROUS STREETS (Flair Software, 1994)

어떤 이식 버전의 '위험한 거리'보다도 이 게임은 그저 시간을 낭비한다는 측면에서 쓸데 없이 위험한 게임입니다.

이 게임에는 256 색상 팔레트, 커다란 스프라이트, 빠른 액션을 가진 파이터들도 있습니다. 하지만 형편없는 애니메이션, 끔찍한 음향효과, 그리고 최악의 경우 분노로 조이스틱을 부러뜨리고 싶게 만드는 조작대로 되지 않는 움직임이 짝을 이룹니다.

이 게임은 실제로 다양한 아미가 CD32 제품군과 함께 번들로 제공되었는데, 사실 디스크에서도 플레이할 수 있었습니다. 그렇기에 저는 독점게임을 위해서 돈을 지불하는 사람들에게는 경의를 표할 가치가 있다고 생각합니다.

코모도어COMMODORE **AMIGA CD32**

1993년은 콘솔 게임기 유저들에게 있어서 흥미진진한 한 해였습니다. 마치 차세대 게임들을 한꺼번에 발표하는 것처럼 보였죠.

아미가 CD32는 "사상 첫 번째 32비트 홈 콘솔"이라는 타이틀을 거머쥐는 동시에, CD-ROM 드라이브가 완전히 기본으로 장착된 시스템이었습니다.

물론 이는 유럽 지역에서만 적용되었지만, 그 해 크리스마스 동안 영국내 모든 CD-ROM 기기 판매량의 38%에 달하는 점유율을 차지하면서 CD32는 좋은 방향으로 나갈 가능성을 충분히 보여주었습니다.

세가의 메가 드라이브 캠페인을 연상시키는 첨단 광고와, 영국 코모도어 경영진에게 앞으로 나아갈 확고한 방향을 제시해 준 CD32는, 코모도어 및 아미가 브랜드의 구세주처럼 보였습니다.

이 기기를 바탕으로 80개의 게임 타이틀이 1993년 크리스마스 이전에 준비되었다고 발표되었으며, 제품의 배급은 1994년 초에 북미로 확장될 예정이었습니다.

제품 정보

제조 업체 : 코모도어 Commodore International
CPU : 모토로라 Motorola 68EC020
출력 색상 : 262,144색(1677만색 24비트 트루 컬러 팔레트 중)
RAM : 2MB
출시일 : 1993년 9월
출시지역 : 영국
출시가격 : £299

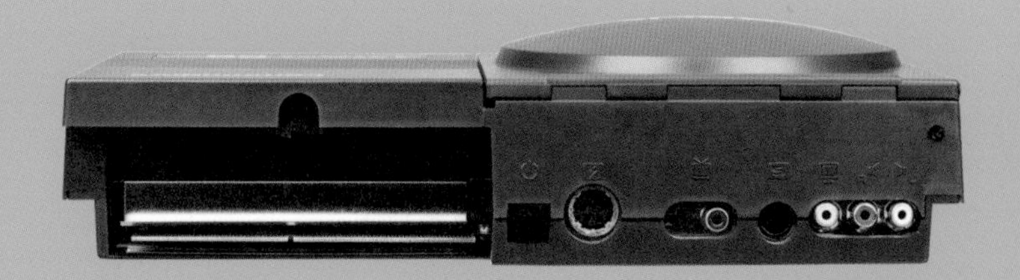

그러나 커서 구현 문제로 1,000만 달러나 되는 특허 소송이 발생하였고, 코모도어의 필리핀 제조 공장에 재고를 쌓아 두는 상황을 초래하고 말았습니다.
이 타격으로 인해서 유럽산 제품들의 부품 공급에 차질을 빚었고, 결과적으로 CD32의 판매 자체가 정체되고 말았습니다. 결국 사업은 감당할 수 없는 부채를 떠안게 되었고 코모도어 인터내셔날은 1994년 4월 부도를 선언해서, CD32는 출시된 지 불과 몇 달 만에 단종되고 말았습니다.

하드웨어의 유사성

CD32 케이스 외장 안의 구조는 아미가 1200과 같습니다. 그리고 타사 확장 모듈을 통해 컴퓨터로도 사용할 수 있습니다. 하지만 CD 기반 콘솔 제품이였으며 고객들은 이 점에 주목했기 때문에 별도로 홍보할 필요는 없었습니다. 물론 1200과 확실히 다른 점도 있는데, 차별화된 점을 꼽자면 기본이 된 CD 드라이브와 컨트롤러를 들 수 있겠습니다. 사용자를 향해 구부러진 모양이 아닌, 뒤를 향하는 펑키한 디자인으로 마치 미국 TV 드라마 「전격Z작전Knight Rider」의 컴퓨터 자동차 키트K.I.T.T.의 핸들을 연상시켰습니다. 모두가 좋아하는 디자인은 아니었지만, 숄더 버튼과 함께 빠르게 유행에 맞추어 규격화된 4가지 색상의 버튼 덕에 기발한 미관을 뽐냈습니다. 다만 조잡한 구조의 약한 내구도로 인해서 오늘날까지 100% 완벽하게 작동하는 패드를 찾는 것은 행운이 없다면 불가능할 것입니다.

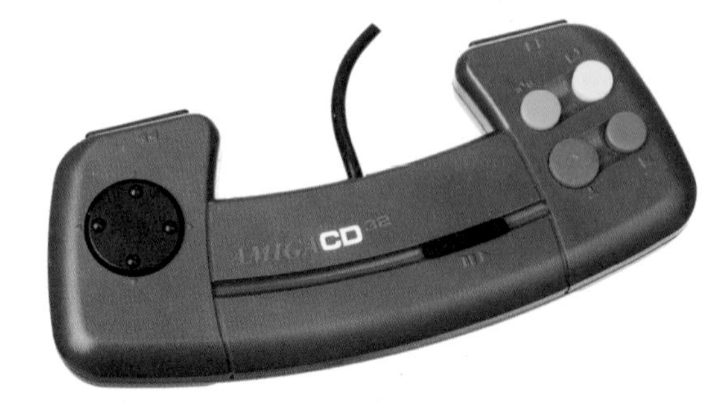

▶ 꼭 눈여겨 볼 게임 : 가디안GUARDIAN
(Guildhall, 1994)

이 게임은 "스타 윙StarWing"(*편집 주)을 너무 사랑했던 마크 시블리Mark Sibly에 의해서 개발되었습니다. 그는 이 사실을 스스로 고백했지만, 사실 굳이 고백할 필요는 없었습니다. 게임을 보면 한 눈에 바로 알 수 있기 때문이죠.

카메라가 우주선 주위를 돌아다니는 순간 여러분은 "스타 윙"과 비교를 할 것이 분명하지만 내부적으로 이 "가디안"은 보다 훨씬 복잡합니다. 이러한 복잡성은 CD32가 그 속도에 맞게 표현해내는 놀라운 그래픽, 그리고 컨트롤의 자유를 누릴 수 있는 게임 플레이 둘 다 포함해 말하는 것입니다.

*편집 주
스타 윙: 닌텐도의 고전 슈팅 게임인 '스타폭스(Star Fox)'의 유럽판 타이틀 명이다. 유럽 출시 당시 독일 회사인 스타복스(StarVox)와 발음이 비슷하다는 이유로, 만약의 소송을 피하고자 '스타윙'이라는 제목으로 출시했다.

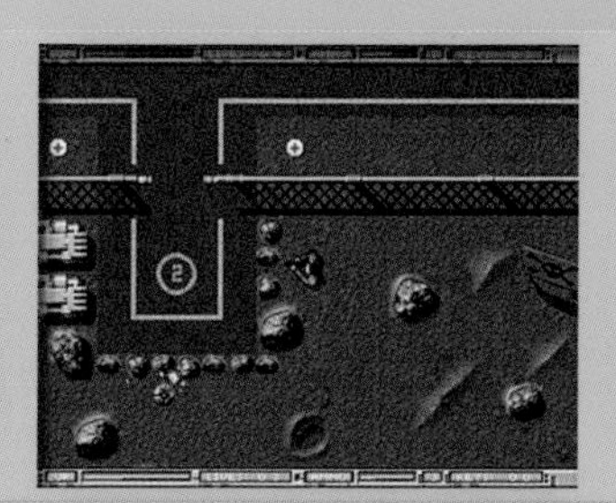

▶ 꼭 해봐야 할 게임 : 에이리언 브리드: 타워 어설트ALIEN BREED: TOWER ASSAULT
(Team 17, 1995)

많은 CD32 게임의 문제점은 기존 아미가 기종 게임 타이틀의 단순한 복사본이라는 것입니다. 하지만 Team 17의 좋은 점은 품질에 대한 약속 부분이었으며, "타워 어설트"의 CD32 버전을 만들 때 이를 최우선으로 두고 만들었습니다.

그래서 CD32 버전에는 괜찮은 "외계인 종류", 탑 다운 방식, 우주선 탐색, 탄도학, 더욱 자세한 풍경, 더 많은 고어요소, 더 재미있는 부팅 장면 들이 포함된 영화 시퀀스 등등 여러가지가 추가되어 있습니다.

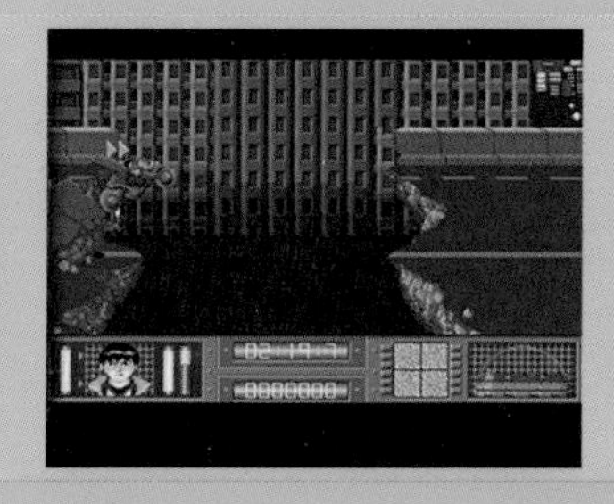

▶ 꼭 피해야 할 게임 : 아키라AKIRA
(ICE, 1994)

들리는 바로는 이 게임은 일본 밖의 외국에서 만들어진 최초의 일본 애니메이션 기반 게임입니다.

게임은 상당히 괜찮은 애니메이션 시퀀스로 시작하며, 그 후 사이드 스크롤 방식의 오토바이 시퀀스로 접어듭니다. 그런데 문제는 이 오토바이 시퀀스가 고통스러울 정도로 느리고 답답하기 때문에, 많은 플레이어들이 다음 레벨의 플랫폼으로 넘어가지 못합니다. 게다가 여러분은 게임 플레이 중에 흐를 소리로, 배경 음악과 음향 효과 중에서 둘 중 하나 만을 선택해야 합니다.

진짜로? 명색이 CD32의 타이틀인데, 둘 다 가질 수는 없나요? 예, 그렇습니다. 게임 프로그래밍이 서툴러서요….

3DO 컴퍼니에서 라이센스를 받은 다수 기업
3DO

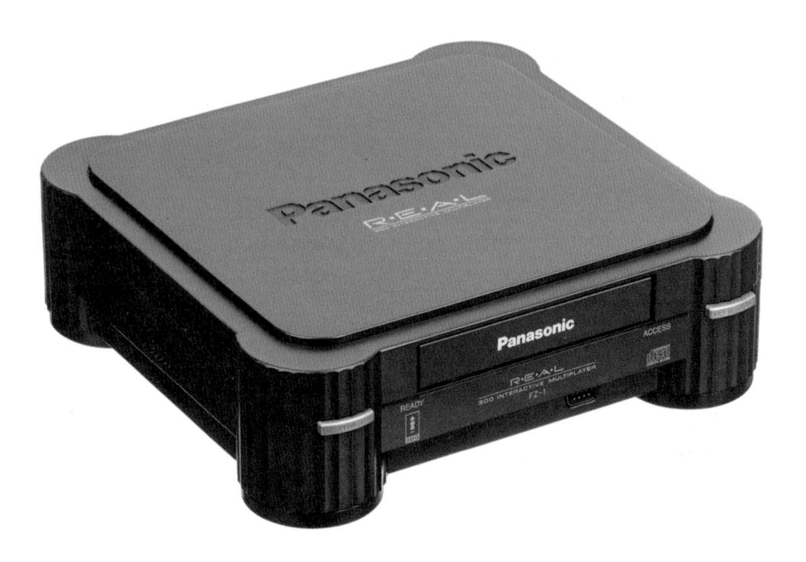

1990년대 일렉트로닉 아츠Electronics Arts는 이미 잘 알려진 게임 퍼블리셔였지만, 창립자 트립 호킨스Trip Hawkins는 제3자에게 라이선스를 부여해 생산하고 모든 멀티미디어 요구사항을 충족시킬 수 있는 범용 플랫폼을 꿈꿨습니다 (예를 들면 MSX같은). 전직 아미가 제작자인 데이브 니들Dave Needle과 로버트 제이 미칼 R.J. Mical이 디자인한 3DO의 기본 스팩 구상은 1993년에 완성되었으며, 파나소닉Panasonic은 FZ-1 R.E.A.L. 3DO 인터랙티브 멀티플레이어 Interactive Multiplayer로 바통을 이어받았습니다.

일단 출시는 성공적이었고, 그래픽은 당시 게이머들의 이목을 집중시켰습니다. 그러나, 높은 가격 때문에 시장에서 우위를 점하기는 힘들었습니다. 후에 LG전자가 되는 금성 GoldStar과 산요Sanyo가 각각 1994년과 1995에 3DO 호환기를 신판으로 내놓았으나, 결국 플랫폼으로써는 실패하여 1996년에 생산이 중단되고 말았습니다.

제품 정보

제조 업체 : 3DO컴퍼니The 3DO Company의 라이센스를 받은 여러 다수 기업 자체 생산
CPU : ARM60
출력 색상 : 1677만색 (24비트 트루 컬러)
RAM : 2MB RAM + 1MB VRAM
출시일 : 1993년 10월
출시지역 : 북미
출시가격 : $699

형태나 디자인은 각기 달랐지만, 공통적으로 케이스 안에는 ARM60 32비트 CPU, DSP, 2개의 비디오 프로세서, 2MB RAM 등의 다양한 인상적인 부품들이 들어 있었습니다. 또한 이 제품은 시장을 확장하기 위해 필요한 지역제한 혹은 라이선스 요구사항이 전혀 없었습니다.

이것은 긍정적인 발걸음으로 보였지만, 실제로는 소프트웨어 해적판이 난무하게 만드는 결과를 초래했고, 안타깝게도 단지 돈을 벌기 위해서 만들어진 완성도 떨어지는 소프트웨어가 범람하게 되었습니다.

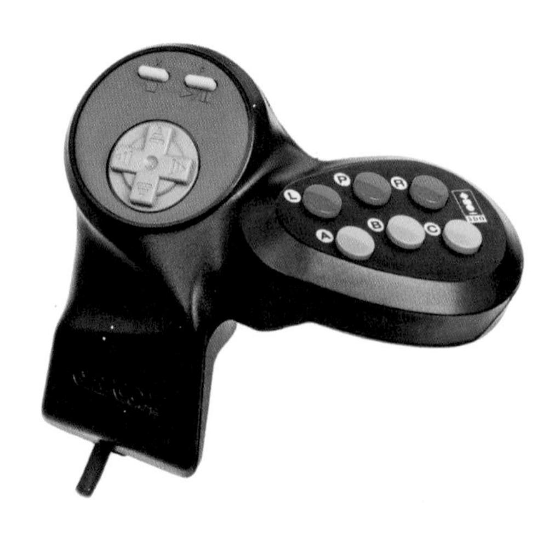

▶ **꼭 눈여겨 볼 게임 : 니드 포 스피드**THE NEED FOR SPEED
(Electronic Arts, 1994)

3DO가 수준 이하의 콘솔이라고 여기게 할 수 있는 게임이 많이 있지만, 그렇지 않음을 증명하는 게임도 있습니다. 이 게임은 분명히 레이싱 게임이지만 부드럽고 섬세한 그래픽, 적절한 프레임, 그리고 상당한 게임성을 가진 게임입니다.

사실 3DO는 이름 값에 걸맞지 않게 3D 그래픽을 위한 최적의 플랫폼은 아니었습니다. 하지만 이 "니드 포 스피드"는 게임 제작에 유능한 사람들이 무엇을 할 수 있는지를 잘 보여주는 게임입니다.

▶ **꼭 해봐야 할 게임 : 윙 커맨더Ⅲ 하트 오브 더 타이거**
Wing Commander III: Heart of the Tiger
(ORIGIN SYSTEMS, 1995)

이 게임은 단순한 FMVFull Motion Video, 풀 모션 비디오 시퀀스 게임이 아닙니다. 이것은 여러분이 상호작용하면서 즐길 수 있는, 마치 영화같은 게임입니다. 잘 알려진 몇몇 실사 배우들이 등장하기는 하지만 배우가 연기하는 영상 외에도, 플레이어는 파일럿이 되어 윙맨과 함께 다양한 우주 전쟁 임무를 수행할 수 있습니다.

PC 버전처럼 완벽하지는 않지만, 적 군함의 폭발을 3DO로 보는 것만큼 좋은 것은 없습니다.

▶ **꼭 피해야 할 게임 : 배관공은 넥타이를 매지 않는다**PLUMBERS DON'T WEAR TIES
(Kirin Entertainment, 1994)

이 게임은 개발이 자유로운 플랫폼에서 어떤 최악의 일이 일어날 수 있는지 잘 보여주는 좋은 예입니다. 고품질 타이틀 모음 대신 "배관공은 넥타이를 매지 않는다"(빈 정어리 깡통보다 연기력이 떨어지는 유나이티드 픽처스United Pixtures의 뽕빨 로맨스 영화 같은 제목)를 얻을 수 있습니다.

만약 여러분이 좋은 품질과 매력적인 타이틀을 기대하면서 이 게임을 산다면 분명히 매우 화가 날 것입니다. 혹시 여러분이 염가 판매대에서 친구들을 웃기기 위해서 이걸 샀다면 당장 경찰에 자수하시기 바랍니다. 이 게임에는 품질과 생산의 가치가 전혀 없으며, 게임 플레이 방식은 그저 스토리의 주요 순간에 짧은 선택지를 선택하는 것입니다. 잘못된 선택을 하면 부부를 갈라놓을 것이며 만약 올바른 선택을 하면……. 아시다시피…, 그냥 콘솔을 끄고 거리 아래로 던져 버리시기 바랍니다.

아타리ATARI JAGUAR

1993년 말에는 이미 16비트 콘솔이 시장을 지배했으나, 8비트 콘솔 역시 아직은 인기가 있었습니다. 또한 당시 몇몇 제조업체들은 우리들에게 32비트 콘솔이라는 미래지향적 제품을 슬쩍 보여주었습니다. 그런데 갑자기 아타리는 무려 64비트?!라는 엄청난 비트 수를 자랑하는 콘솔을 내놓았습니다.

그 당시 저는 이게 대체 무슨 소리인지 거의 이해하지 못했지만, 어쨌든 우리 모두는 이 숫자가 좋다는 것만은 알았습니다. 하지만 이 새로운 64비트 콘솔인 아타리 재규어가 시장에 내놓은 게임들을 봤을 때는 혼란에 빠졌었습니다. 왜냐하면 이들 중 상당수는 메가드라이브(136페이지 참조)의 16비트 게임들과 거의 비슷한 수준으로 보였기 때문입니다. 도대체 무슨 일이 일어났던 걸까요? 글쎄요… 아마도 아타리는 자신들이 아직 입지와 존재 의미가 있다는 것을 다시 보여주기 위해서, 마지막으로 한번 더 게임 시장에 도전하기로 결정한 것 같습니다. 그 도전은 다른 모든 제품의 생산을 중단하고, 완전히 새로운 콘솔에 집중하는 것이었습니다. 이 새로운 콘솔기기는 톰 앤 제리Tom & Jerry라고 알려진 한 쌍의 32비트 프로세서를 탑재했습니다. 그 중에 제리Jerry는 64비트 데이터 경로를 통해서 2MB RAM과 연결되었습니다.

이 때문에 이 콘솔 기기를 진짜 64비트 콘솔이라고 해야 하는지에 대한 많은 논란의 여지를 남겼습니다. 그리고 재규어의 복잡한 설계 디자인은, 확실히 많은 개발자들이 이 시스템의 일부인 모토로라 68000 컨트롤러 칩 만을 사용하여 다양한 게임들을 단순하게 처리하기로 결정했다는 점입니다.

또한 이 결정 덕분에 게임의 포팅 작업이 매우 단순하게 된 세가의 메가드라이브(모토로라 68000 CPU 사용)의 16비트 버전 게임들과 아주 흡사한 게임 타이틀들이 많이 탄생하는 결과를 낳기도 했습니다.

제품 정보

제조 업체 : 아타리 코퍼레이션 Atari Corp.
CPU : Tom & Jerry
출력 색상 : 1677만색 (24비트 트루 컬러)
RAM : 2MB
출시일 : 1993년 11월
출시지역 : 북미
출시가격 : $249

물론 재규어의 배짱 좋은 사양 뻥튀기를 실제로 활용한 타이틀들도 있기는 했습니다. 하지만 그런 타이틀이 빠르게 늘어나지도 않았고, 발전하는 플랫폼 경쟁 시대에서 최고의 타이틀이라고 할 만한 게임들은 너무 늦게 나왔습니다. 이 말은 사실상 재규어의 판매량이 기대 이하였다는 것을 의미했고, 그 사실은 아타리 코퍼레이션의 운명을 가로막아, 결국은 재규어가 세상에 잠재력을 완전히 드러내기도 전인 1996년에 단종되고 말았습니다.

덕지덕지 덧붙은 것들

그 밖에도 재규어의 주목할만한 특징은 D-Pad 근처에 5개의 메인 버튼 외에도 아래에 고무 셀렉터가 12개나 추가되어 다른 경쟁사들의 패드에 비해서 크기가 거대하다는 점입니다. 또한 재규어의 CD 추가형 모델은 시스템이 수명을 다해가는 후반기에 겨우 출시되었는데, 이는 오늘날에 집에서 스스로 재규어 게임을 개발하려는 사람들에게는 필수적인 추가 기능 옵션으로 남아있습니다. 심지어는 재규어용 가상 현실 Virtual Reality 헬멧이 고안되기도 했지만, 이는 프로토타입이었으며 정식으로 출시되지는 않았습니다.

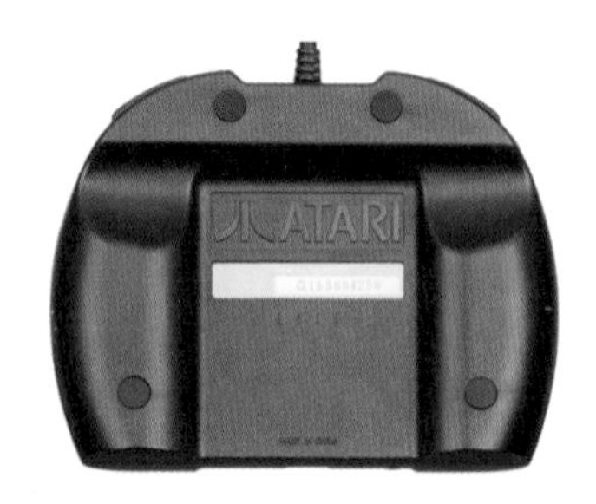

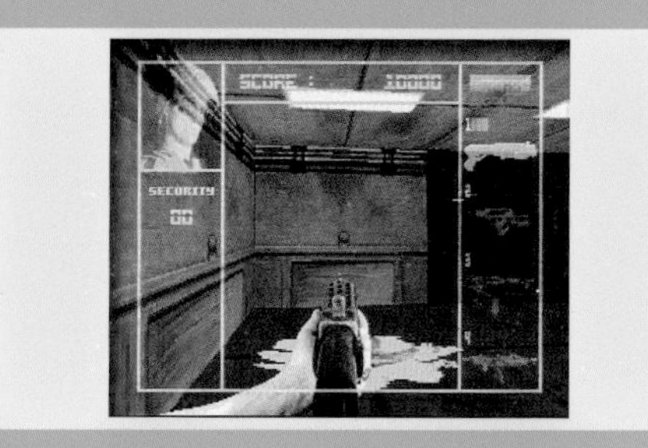

▶ **꼭 눈여겨 볼 게임 : 에이리언 대 프레데터**ALIEN VS. PREDATOR
(Atari Corp, 1994)

이 게임은 저에게 "둠"보다 더 나은 게임이 있다는 것을 알려준 최초의 게임입니다. 그렇다고 이 게임이 모든 면에서 "둠"보다 낫다는 말은 아니지만, 확실히 훌륭한 게임입니다.

이 게임은 1994년 10월에 출시되었는데, 본래는 더 일찍 출시될 예정이었고 만약 그렇게 되었다면 재규어에 보다 더 좋은 기회를 선사했을지도 모릅니다. 왜냐하면 이 게임의 무대인 여러분의 모선 내부를 믿기 힘들 정도로 실감나게 울리는 소리와 분위기로 가득 채워줄 것이기 때문입니다.

플레이어 여러분은 해병대, 에이리언, 또는 프레데터 중에서 하나의 진영을 선택할 수 있습니다. 보통 저는 해병대를 택하는 편이지만, 어느 진영을 선택하느냐에 따라서 완전히 다른 느낌을 받을 수 있습니다. 물론 여러분은 "What on earth got a hold of this guy"라는 해병대의 게임 시작 음성 만을 들을 수 있습니다.

이 게임은 재규어의 능력을 보여주는 몇 안 되는 게임들 중 하나이며, 심지어 제가 오늘날까지도 몇 번이고 다시 플레이하는 게임입니다.

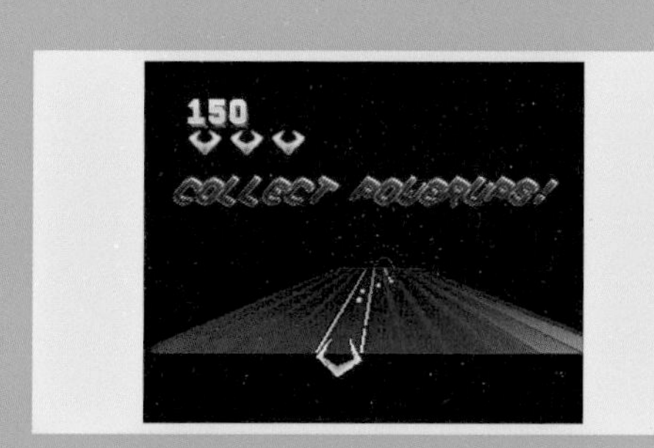

▶ **꼭 해봐야 할 게임 : 템페스트2000** TEMPEST 2000
(Atari Corp, 1994)

제프 민터Jeff Minter는 "리벤지 오브 더 뮤턴트 캐멀Revenge of the Mutant Camels"및 "르마트론Llamatron"과 같은 고전 게임들을 여러분들에게 안겨주었으며, 그의 기술은 "템페스트Tempest"에서 보여준 것처럼 열광적이고 빠져드는 분위기에 알맞았습니다.

이 게임 "템페스트 2000"의 임무는, 원작 게임 "템페스트"의 공식을 확장시켜 여러 단계 위로 끌어 올리는 것이며, 이를 위해서 여러분을 유혹해 게임 속에 빠져들게 만들 만한 쿵쾅거리는 일렉트로닉 사운드 트랙을 가지고 있습니다.

▶ **꼭 피해야 할 게임 : 클럽 드라이브**CLUB DRIVE
(Atari Corp, 1994)

저는 영국 CITV의 "Bad Influence배드 인플루언스"에서 이 게임을 보고 마음이 가라앉았습니다. 여러분과 제가 그렇게 갈망하며 믿었던 콘솔 게임기가 있는데, 그 게임기는 제가 토할 수 있을 정도로 끔찍한 게임을 실행시켰기 때문입니다.

이 드라이브 시뮬레이터에는 두 가지 옵션이 있습니다. 코스(또는 집?)을 시계 반대방향으로 돌던가, 아니면 이상한 오브를 수집하며…. 음…, 아무튼 수집합니다.

이 게임은 일단은 3D게임이지만 너무 끔찍해서 3D게임이라고 부르고 싶지 않네요…. 심지어 이건 알파 버전 단계인 프로그램을 어떻게든 우겨서 상업용 버전으로 억지로 출시한 것 같습니다. 어떤 면에서는 정말 존경스럽군요.

세가SEGA
SUPER 32X

1994년 세가의 메가 드라이브(136페이지 참조)는 더 크고 뛰어난 라이벌들에게 위협을 받았습니다.

메가CD(156페이지 참조)라는 이름의 부가 악세사리형 확장 기기 만으로는, 특히 새로운 슈퍼 콘솔의 출시가 임박한 상황에 도저히 보조를 맞출 수 없었습니다.

그리하여 세가 아메리카는 급하게 임시 방안을 통해 기존 사용자 기반 서비스를 유지하는 동시에, 약간의 돈을 챙기고자 했습니다.

메가CD와 마찬가지로 슈퍼 32X는 메가 드라이브의 확장 악세사리가 될 것이지만, 이번에는 카트리지를 사용하고 확장 기능으로 5세대 콘솔 기술을 넣기로 했습니다.

아타리 재규어(176페이지 참조)라는 64비트 기기가 나와 있는 시기였음에도 불구하고, 32비트라는 카피는 여전히 대유행이었기 때문에, 32X는 이름과 사양 모두에서 이를 활용하도록 제작되었습니다.

하지만 32X가 모든 의도와 목적을 위해 이러한 요구들을 최대한 충족시켰음에도, 세가는 이미 일본에서 동시에 새로운 슈퍼 콘솔인 세가 새턴Sega Saturn(184 페이지 참조)을 출시했기 때문에, 32X는 의도대로 적은 비용의 업그레이드를 기다리는 사용자가 아니라 그저 새로운 제품을 기다리는데 지친 사람들에게만 선택되었고, 아직 더 기다릴 수 있는 게이머들은 그저 돈을 모으면서 차세대기를 기다렸습니다.

제품 정보

제조 업체 : 세가 SEGA
CPU : 히타치 Hitachi SH2 × 2
출력 색상 : 32,768색
RAM : 512KB
출시일 : 1994년 1월
출시지역 : 북미
출시가격 : $159.99

결국 32X는 상업적으로 성공하지는 못했지만, 상대적인 가격과 성능 요소를 고려할 때 출시 당시에는 긍정적인 평가를 받았습니다(물론 여러분이 이미 메가 드라이브/제네시스를 소유하고 있다는 가정 아래에서 뿐이지만).
하지만, 세가 새턴이 얼마나 빨리 발전할 것인가를 고려할 때, 게임 라이브러리가 결코 확장되지 않을 것이라는 사실이 굳어지면서, 상황은 32X에게 안 좋은 쪽으로 흘러가기 시작했습니다.

또 다른 문제는 이 제품이 메가 드라이브/제네시스의 '두 번째' 주요 확장 제품이라는 사실입니다(32X는 카트리지 슬롯을 사용했기 때문에 적어도 신형과 구형의 메가 드라이브 기기에 각각 맞추어 디자인을 만들 필요는 없었습니다).

세가는 메가CD와 32X의 두가지 확장 액세서리 모두를 필요로 하는 6개의 게임을 만들었는데, 그게 좀…. 음…. 전혀 훌륭하지 않았습니다. 세가 쪽에서 이와 관련해서 노력한 수준을 알기 위한 예를 들자면, 세가 CD와 세가CD 32X 버전으로 각각 출시한 게임인 파렌하이트Fahrenheit(*편집 주)가 있을 것입니다.(모두 표준 Mega CD/Sega CD버전으로도 발매되었음.)

편집 주
*파렌하이트: 1995년 메가CD와 32X CD 양쪽에 발매하기 위해 세가에서 개발한 FMV=풀 모션 비디오 게임. 플레이어는 소방관이 되어 화재 현장에 투입되어 사람들을 구조하거나 방화범을 붙잡는다. 32X CD 타이틀로 개발된 이 게임은 메가 CD에서도 동일한 게임이지만 비디오 영상 화질을 낮춰서 출시하는 양대응 방식을 취했다.

▶ 꼭 눈여겨 볼 게임 : 메탈 헤드METAL HEAD
(Sega, 1995)

어떤 사람들은 싫어하겠지만, 또 어떤 사람들은 좋아합니다. 하지만 여러분의 진영에 관계없이 32X로 경험할 수 있는 좋은 내용의 게임에 감동 받지 않는 사람은 드물 것 것입니다.

저는 기술력에 사족을 못쓰는 사람인데, "메탈 헤드"는 시스템의 비트맵 기능을 사용하는 몇 안 되는 게임 중 하나입니다. 텍스처 폴리곤 기술의 초기 시절이던 것을 감안하면 매우 놀라운 게임입니다.

표시 거리는 제한적이기 때문에 여러분은 다가오는 모든 적을 볼 수는 없지만, 여러분이 볼 수 있는 도시와 거리는 깔끔하게 표시되기 때문에 거대로봇에 탑승하여 돌아다니면서 적을 제거할 수 있습니다.

▶ 꼭 해봐야 할 게임 : 버추어 레이싱 디럭스 에디션VIRTUA RACING DELUXE EDITION
(Sega, 1994)

저는 1994년에 "버추어 레이싱이 메가 드라이브에 나와있었다면, 과연 슈퍼 32X에서는 어떻게 달라졌을까?"라고 생각했던 것을 기억하고 있습니다. 하지만 그 뒤로 실제 나온 두 가지 게임을 모두 해본 이후로, 32X판은 다른 메가 드라이브 타이틀과는 확실히 다른 레벨의 것이라는 것을 분명히 알게 되었습니다.

이 디럭스 에디션에는 아케이드 버전 3개의 코스 트랙과 32X 전용 2가지 트랙이 포함되어 있습니다. 또한 두 가지 종류의 자동차를 운전하고 시야를 원활하게 전환할 수 있는 옵션도 갖고 있습니다. 프레임은 60FPS인 아케이드 판의 3분의1에 불과하지만, 레이싱 자체는 여전히 놀라울 정도로 매끄러워 플레이하기 좋습니다.

▶ 꼭 피해야 할 게임 : 코스믹 카니지COSMIC CARNAGE
(Sega, 1994)

저는 이 란에 "프라이멀 레이지Primal Rage"을 넣을까 해 봤지만, 그 쪽은 적어도 오락실의 느낌을 어느 정도는 담아낼 수 있었습니다. 이 "코스믹 카니지"는 같은 효과를 32X 전용으로 보여주기 위한 게임이지만 이는 실패하고 말았습니다.

여러분은 각각 다른 공격을 하는 여러 외계 돌연변이 캐릭터들 중 하나로 플레이할 수 있습니다. 이들의 영화 같은 공격 모션들 중 일부는 플레이어에게 좋은 느낌을 주기위해 만들어진 것이지만, 실제로는 엉망진창으로 깨져 보일 뿐입니다. 이런 그래픽 요소가 실망스럽다고 해서 게임 자체가 망하는 것은 아닙니다. 하지만 게임 플레이에서는 기대했던 약동적인 전투 장면이 펼쳐지지 않고, 그저 파편적으로 캐릭터가 분리되고 동작이 연결되지 않는다면 여러분은 실망할 수 밖에 없을 것입니다.

세가SEGA SATURN

세가는 새로운 게임기인 세가 새턴으로 할만한 것들이 분명히 많았습니다.

과거 메가 드라이브(136페이지 참조)는 초기에 시기가 잘 맞아 부분적으로 이득을 보면서 서양에서는 승승장구했지만, 이제는 새로운 필드에서 새로운 제품으로 다시 플레이해야 할 시간이 되었습니다. 하지만 문제는 세가가 또 다른 경쟁자인 소니의 플레이스테이션Playstation이 등장했다는 사실을 알고 있었다는 것입니다.
이를 염두에 두고 세가는 새턴을 1994년 11월(플레이스테이션보다 한 달 앞선)에 일본에서 출시했는데, 당시 오락실에서 가장 인기있던 게임 "버추어 파이터Virtua Fighter"라는 타이틀을 동시 발매한 덕분에 성공적인 제품인 것으로 입증될 수 있었습니다. 결국 새턴은 고향 일본 땅에서 메가 드라이브보다 거의 두 배나 더 많이 팔았습니다.

계속해서 선두를 지키고 싶어했던 세가는, 새턴의 미주 지역 출시 예정일을 1995년 9월 2일에서 5월 11일로 앞당기기로 결정했습니다. 이 발표는 로스앤젤레스 전자 엔터테인먼트 엑스포에서 놀란 손님들(그리고 어두운 곳에 있던 직수입 소매상들)을 대상으로 이루어졌으며, 제품의 가격은 일단 399달러(서양에서는 크게 인기를 끌지는 못했다)로 책정되었는데 "버추어

제품 정보

제조 업체 : 세가 SEGA
CPU : 히타치 Hitachi SH2 × 2
출력 색상 : 1677만색 (24비트 트루 컬러)
RAM : 4.5MB
출시일 : 1994년 11월
출시지역 : 일본
출시가격 : $399

파이터"가 번들로써 함께 제공되었습니다. 하지만 그 이후에 소니는 "플레이스테이션"을 299달러로 발표했으며, 이는 세가의 새로운 콘솔의 운명을 결정지었습니다.

이 갑작스러운 시작은 단 6개 만의 런칭 게임 타이틀이 동반되어 출시되었다는 것을 의미했습니다. 그러나 이 기기의 소프트웨어 라이브러리는 약 5년 간의 기기 생산 기간을 넘어서면서, 실제로 몇 가지 아주 인상적인 게임을 포함하도록 확장되어갔던 것입니다.

하지만 아타리 재규어(176페이지 참조)와 마찬가지로 일부 개발자들은 3D 비주얼을 지원하도록 설계된 새턴의 듀얼 프로세서 설정 프로그래밍이 어렵다고 불평했습니다. 어쨌든 경쟁기였던 플레이스테이션이 3D 폴리곤이란 새로운 세계에서 새턴보다 더 유능한 기계 임을 입증했으며, 판매량과 사용가능한 게임 타이틀 모두에서 새턴을 꺾었습니다.

▶ 꼭 눈여겨 볼 게임 : 나이츠 인투 드림스NIGHTS INTO DREAMS (Sega, 1996)

이 게임은 여러분이 나이토피아의 꿈의 세계로 들어가 사악한 와이즈맨이 벌이는 파괴의 음모를 막는 여행을 하는 것이 주요 스토리입니다. 이는 비행중 오브를 수집하여 수행할 수 있습니다(전용 아날로그 3D패드를 소유한 경우 더욱 쉽게 플레이 할 수 있습니다). 하지만 이것들 보다 더욱 중요한 요소는 순수하게 플레이의 아름다움에 있습니다.

3D그래픽은 화려하고 유동적이며 플레이는 처음부터 끝까지 쉽게 날 수 있어서 재미를 더합니다. 그것은 마치 흐르는 폭포를 보는 것과 비슷하며, 가정용 게임기 하나를 충실히 밀어준다면 경쟁자를 따라잡을 수 있다는 것을 보여주는 게임이기도 합니다.

▶ 꼭 해봐야 할 게임 : 세가 랠리 챔피언쉽SEGA RALLY CHAMPIONSHIP (Sega, 1995)

이 게임은 제가 오락실에서 많은 시간과 돈을 들여 플레이한 게임입니다. 해서 세가 새턴 버전을 구매하면 상당한 돈을 절약할 수 있었습니다. 다만 새턴에서는 세가의 모델2 아케이드 기판의 그래픽 성능을 완전히 재현할 수는 없었지만, 그래도 느낌 만은 매우 흡사했습니다.

게다가 실제 게임 플레이는 그래픽 보다 더욱 더 오락실 버전과 가까웠는데, 제가 오락실에서 느낀 재미 요소가 모두 포함되어 있었습니다. 비록 스테이지는 4개 밖에 없음에도 불구하고, 몇 번이고 다시 플레이 할 게임입니다.

▶ 꼭 피해야 할 게임 : 인디펜던스 데이INDEPENDENCE DAY (Fox Interactive, 1997)

영화 판권 라이선스는 그냥 잡동사니 봉투 같은 것이지만, 이 게임 "인디펜던스 데이"는 그저 쓰레기 봉투에 불과합니다.

이 게임은 주로 외계인 모선의 아래에서 단순히 비행하는 것 같은 시시한 임무를 계속 반복하는 것이 전부인 영화 기반 게임입니다. 적어도 이 게임은 확실히 당신의 '독립기념일'을 축하하는 것은 아닌 게 확실합니다.

소니SONY PLAYSTATION

이 제품은 소개가 거의 필요하지 않습니다. 후손들이 아직 존재하기 때문이죠. 적어도 같은 이름으로 25년 동안 시장에 나와있는 제품은 거의 없었는데, 이 모든 것은 1994년 소니 플레이스테이션Sony PlayStation에서 시작되었습니다.

이 제품의 개발은 슈퍼 패미컴/SNES용의 CD-ROM 추가 확장 기기를 개발하기 위해서 닌텐도와 합작으로 시작되었습니다.(144페이지 참조) 이 모험은 슈퍼 패미컴에서 사용되는 사운드 칩을 설계한 쿠타라기 켄Kutaragi Ken를 전면으로 내세워 진행되었습니다. 그러나 닌텐도가 CD기기 타이틀의 통제권을 소니에게 넘겨주는 것이 유익하지 않을 것이라 판단한 후, 계약은 파기되고 말았습니다. 그 후 세가와 짧은 회의가 이루어졌지만 세가 역시 거절을 선택하여, 소니는 결국 혼자 만의 모험을 하게 되었습니다.

소니는 처음에는 슈퍼 패미컴 호환 제품에 가까운 프로토타입을 제작했습니다. 그러나, 시간이 지난 후 세가의 새로운 오락실용 3D 게임인 "버추어 파이터"의 성공을 목격한 소니는 이 제품을 차세대 3D 대응 콘솔로 다시 만드는 재작업을 하기로 결정했으며, 이후 나머지는 역사적으로 잘 알려진 그대로입니다.

제품 정보

제조 업체 : 소니 Sony
CPU : MIPS R3000
출력 색상 : 1677만색 (24비트 트루 컬러)
RAM : 2MB RAM + 1MB VRAM
출시일 : 1994년 12월
출시지역 : 일본
출시가격 : ¥37,000

이 플레이스테이션은 1994년 12월 3일 일본에서 출시되었고, 다음해 9월에 북미와 유럽시장 발매가 뒤를 이었습니다. 각각의 시장에서 플레이스테이션은 실로 큰 성공을 거두었는데, 세가의 새턴(184페이지 참조)을 크게 능가했을 뿐만 아니라, 기존의 16비트 콘솔이나 PC 등등의 주요 상품들을 제치고 시장의 지배자가 되는 데에 그리 오랜 기간이 걸리지 않았습니다. 이러한 성공은 초기에 잠깐 만이 아닌 계속적으로 이어졌으며, 결국 PS1 아키텍처를 기반으로 하는 기기는 약 1억대 이상의 판매고를 올렸습니다.

컨트롤러

납작한 기존의 일반 D-Pad를 사용하는 대신, 소니는 손에 꼭 맞는 컨트롤러를 직접 디자인해 제공했습니다. 뒤따라 나온 후속 컨트롤러들과 달리, 초기 플레이스테이션의 오리지날 컨트롤러에는 듀얼 아날로그 컨트롤 스틱이 없었지만, 이중 숄더 버튼과 익숙한 사각형, 삼각형, 원, 십자 모양 그림의 버튼이 도입되었습니다.

1997년에 나온 듀얼쇼크DualShock 아날로그 컨트롤러는, 진동 효과 지원을 포함하여 오늘날에 우리가 당연하다고 여기는 여러 추가기능들을 도입했습니다.

▶ **꼭 눈여겨 볼 게임 : 이상한 나라의 에이브**ODDWORLD: ABE'S ODDYSEE

(GT Interactive, 1997)

게임의 새로운 차원을 보여주어 많은 이들을 열광시킨 콘솔 기기에서, 굳이 구식 플랫폼 게임을 선택하는 것은 이상하게 보일 수 있지만, 예술적 방향성을 고려해 게임을 잘 고른다면 설득력 있게 느껴질 것입니다. 이런 의미에서 3D 스프라이트와 멋진 배경은 "오드월드"를 보고 즐길 수 있는 즐거움 중 하나입니다.

여러분은 배경인 럽터 목장Rupture Farms에서 일하는 에이브Abe를 플레이하여, 여러분의 동료 무도콘Mudokons들이 잡아 먹히기 전에 탈출하는 것이 주요 목표입니다.

▶ **꼭 해봐야 할 게임 : 드라이버 유 아 더 휠맨**DRIVER: YOU ARE THE WHEELMAN

(GT Interactive, 1999)

여러분은 "그런데 왜 여기에 「파이널 판타지7」이 없는 거죠? 당신 미쳤나요?"라고 말할 수 있습니다. 음…, 우선 "파이널 판타지7"은 훌륭한 스토리 중심 게임이지만 그 전개 속도가 너무 느려서 저의 전폭적인 지지를 받을 수 없었습니다. 하지만 이 게임 "드라이버"의 속도는 빠르고 신속하며 정확합니다.

"드라이버"는 마치 그 "그랜드 테프트 오토Grand Theft Auto"의 선구작처럼 느껴지지만, 플레이어는 절대 차를 떠나지 않습니다. 플레이어는 차 안에 있는 동안, 법을 피해서 자유롭게 돌아다니거나 임무를 수행하거나 할 수 있습니다. 일부 플레이어들은 임무에 임하기 전 반드시 통과해야 하는 도입부의 어려운 난이도에 불만을 표했는데, 일단 익숙해지면 정말 재미있었습니다.

▶ **꼭 피해야 할 게임 : 법시 3D**BUBSY 3D

(Eidetic, 1996)

이 게임은 한 마디로 말하면 "크래시 밴디쿳Crash Bandicoot"같은 게임입니다. 재미있겠죠? 아뇨. 아뇨, 아뇨, 아니요!

이전 법시Bubsy 게임들은 별로 좋지 않은 수준이었지만, 이것은 그냥 망가진 게임입니다. 이 시대의 다른 3인칭 3D게임들도 카메라의 문제가 있었지만, 이것은 그냥 카메라가 사방으로 날아다녔습니다. 플레이할 때 여러분은 끊임없는 점프, 슈팅, 그리고 더 많은 점프에 직면하게 될 것입니다. 마치 할머니의 과일 빵보다 더 스폰지 같은 느낌이 드는 푹푹 꺼지는 컨트롤로 말이죠.

닌텐도NINTENDO 64

원래는 "울트라 64"라는 이름으로 광고를 했지만, 결국 이 제품은 과장과 기대감이 있는 콘솔이었습니다.
또한 닌텐도가 관습을 떨쳐 내고서 디지털 엔터테인먼트의 길로 들어서려는 시기에 우리가 그들의 콘솔을 접하게 된 것이었습니다. 이 때 닌텐도는 광학 디스크 매체인 컴팩트 디스크(CD)를 채택하는 대신, ROM 카트리지를 고수했으며 이로 인해 분명 큰 제한은 따랐지만 일부 긍정적인 측면도 있었습니다.

이전 슈퍼 패미컴/SNES(144페이지 참조) 하고도 마찬가지로, 닌텐도64는 1996년 6월 일본에서 출시된 "5세대" 콘솔의 후발주자였으며 북미에서는 9월, 타 지역에서는 1997년 초에 출시되었습니다. 일본의 경우 첫날에만 무려 30만 대의 제품이 판매되었고, 이는 뒤에 나올 게임큐브Game Cube(204페이지 참조)의 수명까지 갉아먹어 가면서 9년 동안이라는 긴 기간 동안 사랑받았습니다.

닌텐도64는 결국 소니의 플레이스테이션(188 페이지 참조) 만큼 어마어마한 판매량을 보여주지는 못했지만 그에 못지 않은 팬들을 거느렸습니다. 사실 은근히 많은 사람들은 CD보다도 익숙한 ROM 카트리지의 빠른 로딩 속도를 선호했습니다. 물론 닌텐도의 품질 보증 씰도 한 몫 했습니다.

제품 정보

제조 업체 : 닌텐도 Nintendo
CPU : NEC VR4300
출력 색상 : 1677만색 (24비트 트루 컬러)
RAM : 4MB RAM
출시일 : 1996년 6월
출시지역 : 일본
출시가격 : ¥25,000

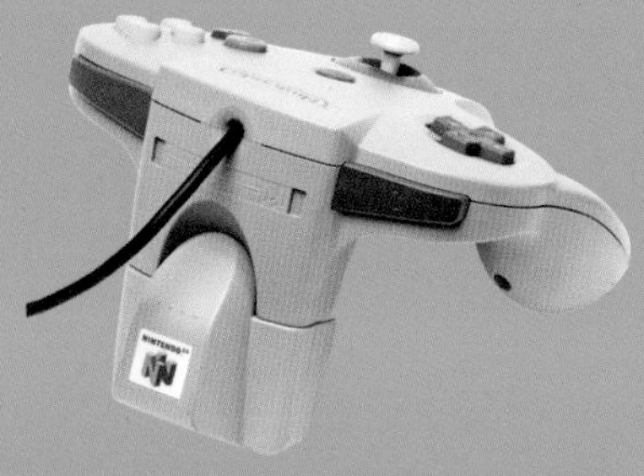

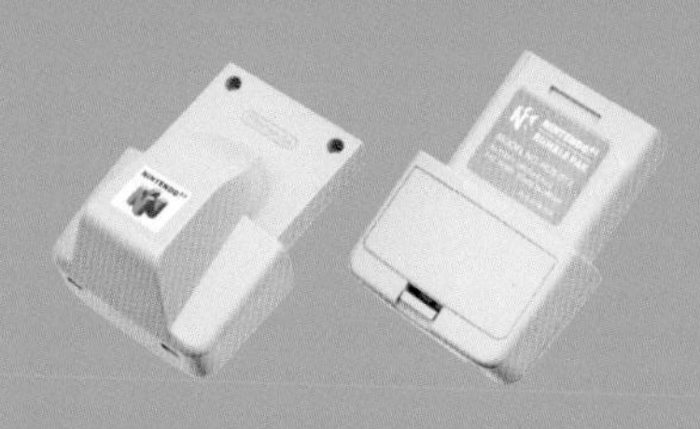

컨트롤러 개발

이 시대는 최고의 조작 솔루션을 찾기 위해 대담한 실험이 진행되던 시기였습니다. 원 버튼 조이스틱에서 3버튼 패드로 이어져 온 시대는 지났으며, 이제 게임에는 다양한 트리거와 버튼 및, 보다 정확한 컨트롤이 필요했습니다.

닌텐도의 경우 새로운 Z트리거와 아날로그 조이스틱을 통합하고, 슈퍼 패미컴 패드를 기초로 하는 동시에 다소 크기가 커진 컨트롤러를 만들었습니다. 이것은 여러가지 요소를 통합한 최초의 컨트롤러 중 하나이며, 이 "세 손잡이three-handed" 컨트롤러(*편집 주)라는 접근 방식은 앞으로 몇 년 동안 필수라고 여겨질 만한 듀얼 아날로그 설정은 아니지만, 독자적으로 차별화된 결과를 보여주었습니다. 이런 차별화된 결과로 나아가는 것과 연계하기 위하여, 4개의 컨트롤러 포트도 제공되어 몇 가지 화려한 멀티플레이 게임도 가능했으며, 게임 파티를 위한 콘솔로도 적합했습니다.

*편집 주

세 손잡이 컨트롤러: 닌텐도 64의 컨트롤러는 게임을 할 때에, '세 가지의 다른 방법으로 사용할 수 있는, 세 개의 핸들' 이라는 컨셉으로 설계되었다.,

▶ 꼭 눈여겨 볼 게임 : 젤다의 전설 시간의 오카리나THE LEGEND OF ZELDA: OCARINA OF TIME
(Nintendo, 1998)

이전 젤다 시리즈 게임들은 몰입을 하기위해 우리의 상상력을 발휘해야 했습니다. 하지만 닌텐도 64는 "시간의 오카리나"에서 우리가 상상할 필요도, 상상할 수조차 없는 세상을 바로 제공해주었습니다. 왜냐면 그 곳에는 텍스쳐로 질감이 도입된 새로운 풍경이 있었기 때문입니다.

슈퍼 마리오 64Super Mario 64 의 3D 카메라 시점 관련의 많은 성과가 이 게임에서 좀더 개선 및 수정되었으며, 덕분에 게임을 즐기는 데에 몰입하기 더욱 쉬워졌습니다.

▶ 꼭 해봐야 할 게임 : 골든 아이GOLDEN EYE
(Nintendo, 1997)

이 게임에서 멀티 플레이어 데스 매치를 즐기지 못한 사람이 있을려나요?

뛰어난 싱글 플레이어 모드(영화 플롯을 따라가면서 플레이하는 게임)을 제외하고도, 최대 4명의 친구와 같이 플레이를 할 수 있으며 서로를 신나게 날려버릴 수 있습니다. 적어도 저는 이 N64 게임을 그렇게 더 많이 즐겼습니다.

▶ 꼭 피해야 할 게임 : 슈퍼맨SUPERMAN
(Titus Software, 1999)

이 게임은 여러 차례 "역대 최악의 게임"에 지명된 게임입니다. 그런데 얼마나 최악이길래 그럴까요?

음…, 확실히 제작사 타이터스Titus가 이 게임의 개발을 서두른 것이 분명합니다. 뭔가 있었겠죠. (어떤 이유로든) 게임의 기본 개념은 화면에 표시되는 링 모양 표시를 향해 날아가는 것이지만, 컨트롤은 정말로 형편없어서 여러분은 링을 향해서가 아닌 전혀 엉뚱한 방향으로 가는 자신을 보게 될 것입니다. 만약에 여러분이 어찌어찌 링을 통과해 나아간다면 몇 초 안에 몇 대의 차를 들어 올려야 하고, 그리고 나서 또 링을 향해 날아가야 한다~가 반복됩니다.

그냥 하지 마세요.

세가SEGA DREAMCAST

세가는 아직 게임기 시장에서 완전히 손 떼지 않았으며, 세가 새턴(184페이지 참조)과 같이 차세대 콘솔을 조금 더 일찍 내놓았습니다.

허나 지난 번과는 달리, 세가는 단순화에 열을 올렸습니다. 듀얼 프로세서 커스텀 설정보다 오히려 일반적으로 사용할 수 있는 구성요소를 사용하고자 하면서도, 다른 어떤 것들보다 훨씬 뛰어난 기능을 갖춘 시스템을 만들고 싶어했습니다. 이를 위해 비디오로직 PowerVR2과 짝을 이루는 구성의 히타치 SH-4 CPU를 선택했습니다. 플레이스테이션(188페이지 참조)의 큰 인기와 새턴에서 발생한 손실을 감안할 때, 세가는 신속하게 시장에 주력기를 출시해야만 했습니다.

드림캐스트DreamCast는 1998년 11월 27일에 세가의 고향 일본에서 처음 공개되었습니다. 첫 공개시 두 가지 주요 출시 타이틀이 있었는데, "버추어파이터 3"와 "소닉 어드벤쳐" 였습니다. 이 타이틀들은 대대적인 광고를 위해서 사전에 시연되었으며, 대량의 선주문으로 이어졌습니다. 하지만 세가는 제작과 배송에 필요한 PowerVR 칩셋을 충분히 확보하지 못한 관계로 선주문은 중단되고 말았습니다. 이러한 문제로 인해서 요구의 절반 밖에 안되는 수량만 판매되었으며 첫날에 매진이 되었습니다.

제품 정보

제조 업체 : 세가 SEGA
CPU : 히타치 Hitachi SH-4
색상 : 1677만색 (24비트 트루 컬러)
RAM : 26MB
출시일 : 1998년 11월
출시 지역 : 일본
보급가격 : ¥29,000

1999년 초 100만대가 조금 안되는 콘솔이 출하되었지만, 이는 결국 세가가 예상했던 수치보다 크게 밑돌았습니다. 다행이도 1999년 말 북미와 유럽 출시 당시에는 이를 백업할 큰 게임 라이브러리가 있었기 때문에 보다 잘 팔렸고 연말까지 100만 대가 훨씬 넘게 판매되었습니다.
하지만 이 판매수량은 안타깝게도 세가의 기대와는 달리, 플레이스테이션2PlayStation2와 같은 경쟁자들을 따라잡기에는 충분하지 못했습니다.

결국 드림캐스트는 안타깝게도 세가의 마지막 가정용 콘솔 게임기가 되었고, 2001년에 단종되고 말았습니다.

메모리 유닛은 어디로 갔나요?

닌텐도64(192페이지 참조)처럼 드림캐스트는 하나의 아날로그 조이스틱을 가진 부피가 큰 컨트롤러를 특징으로 하고 있습니다. 주목할 만한 점은 컨트롤러에 메모리카드와 보조 LCD화면 역할을 하는 비주얼 메모리 유닛을 삽입할 수 있다는 점이었습니다. 온보드 배터리를 사용하여 특정 게임 타이틀에 포함된 소프트웨어를 다운로드한 뒤 컨트롤러에서 뽑아 미니 게임기 겸 간이컨트롤러로 사용할 수 있었습니다. 비록 제한된 기능이긴 했지만 분명히 참신한 기능이었고, 심지어 플레이어들이 데이터 트레이딩과 멀티플레이를 위해서 두 메모리 유닛을 결합하여 사용할 수도 있었습니다.

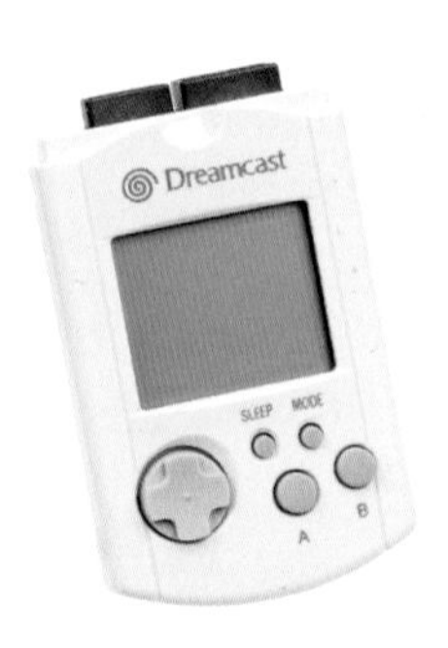

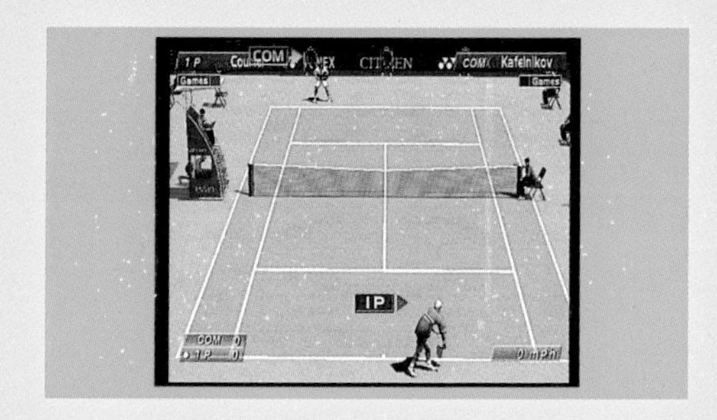

▶ 꼭 눈여겨 볼 게임 : 버추어 테니스VIRTUA TENNIS
(Sega, 2000)

저는 항상 특이한 테니스 게임들을 좋아해왔지만 그 중 어느 것도 "버추어 테니스"만큼 저의 마음을 사로잡은 게임은 없었습니다. 게임플레이는 정말로 간단했는데 캐릭터를 움직여 공을 치면 끝입니다. 하지만 이 게임의 그래픽은 저를 완전히 사로잡았는데, 테니스 게임 치고는 대단한 일이었습니다.

제가 이런 비주얼의 게임을 본 것은 오락실 뿐이었으며 심지어 제 PC게임 조차도 세가가 여기서 만든 것만큼 원활하지 못했습니다. 카메라는 멀리 움직이지 않지만, 코트의 디테일과 인물의 움직임이 너무 많아서 마치 시대를 훨씬 앞질러간 게임처럼 느껴졌습니다.

▶ 꼭 해봐야 할 게임 : 토니 호크의 프로 스케이터 2TONY HAWK'S PRO SKATER 2
(Activision, 2000)

이 선정에는 "크레이지 택시Crazy Taxi"와 아슬아슬한 경쟁이 있었지만, 결과적으로는 "토니 호크의 프로 스케이터2"를 하는데 생각했던 것보다 더 많은 시간을 보냈는데, 주로 픽업과 플레이가 쉽기 때문이었던 것 같습니다.

이 게임은 공원 등에서 위험하고 멋진 스턴트를 할 수 있는 능력을 제공하는 스케이트 게임인데, 다양한 레벨에 걸쳐 풀어나가며 밝힐 수 있는 스케이터의 비밀, 친구들과 대결하는 멀티 플레이어 모드가 있습니다.

▶ 꼭 피해야 할 게임 : 더 링 공포의 영역THE RING: TERROR'S REALM
(Infogrames, 2000)

게임 진행 중에 계단을 걸어 올라가려고 하면 게임이 일시정지 되고 계단을 올라가고 싶은 지를 물어봅니다. 그런 것이 지금 우리가 여기서 다루고 있는 게임인 것입니다.

이 게임은 "얼론 인 더 다크Alone in the Dark"와 유사한 '벽에 붙어 있는 시점on the wall' 스타일의 감시 카메라 관점으로 보는 듯한 착각을 불러 일으키는 생존 공포 게임입니다. 그러나 시끄러운 걸음 소리(실제 걷는 액션과 분리되어 있는 것처럼 들림)외에도, 실제로 캐릭터를 원하는 방향으로 움직이는 것조차 힘든 게임입니다. 충돌 감지도 꺼져있고, 게임 진행의 실마리를 찾기도 어렵습니다. 이는 결국에 목적을 잃고 그냥 짜증내며 방황하게 만들고 맙니다.

소니SONY
PLAYSTATION 2

여기까지 우리가 살펴본 여러 제품의 다양성을 따져볼 때, 지금 한 제품의 차기 버전을 따로 언급하는 것은 좀 이상하다고 생각도 됩니다. 하지만, 이는 소니의 두번째 콘솔 출시부터 새로 이야기가 시작되었다는 뜻이며, 과거 기기의 성공에 대한 증거가 되기도 합니다.

2000년 3월 4일에 출시한 플레이스테이션 2는 두 가지 작업을 진행했습니다. 첫번째는 기존의 플레이스테이션 소유자에게 새로 업그레이드된 스팩을 제공하는 것이었는데, 기존 소프트웨어(및 컨트롤러)의 하위 호환성을 확보하여 더욱 매력적이게 되었습니다. 두번째는 게이머들이 세가의 드림캐스트(196 페이지 참조)와 곧 출시될 라이벌 제품에게 무관심하게 만들어 소니의 선두를 더욱 공고히 하는 것이었습니다. 전체 기간 동안 플레이스테이션2의 판매량이 약 1억5천만대 이상이라는 것을 감안할 때, 이런 작업은 플레이스테이션 1과 2 둘 다 모두 매우 성공적이었다라고 봐도 무방할 것입니다.

제품 정보

제조 업체 : 소니 Sony
CPU : 이모션 엔진 Emotion Engine
출력 색상 : 1677만색 (24비트 트루 컬러)
RAM : 36MB
출시일 : 2000년 3월
출시지역 : 일본
출시가격 : ¥39,800

현재 종종 간과되는 기능 중 하나는, 바로 플레이스테이션2(이하 PS2로 줄임)에 들어간 DVD 재생 기능인데, 사실 PS2는 최첨단 게임기일 뿐만이 아니라 완벽한 기능을 갖춘 DVD 플레이어이기도 했습니다. 게임기가 당시 DVD플레이어와 거의 같은 가격에 판매되고 있었기 때문에, 많은 사람들이 이 점 때문에 거실에 PS2를 놓는 것을 환영하여 기반을 더욱 넓혔습니다.

또 PS2는 다량의 데이터를 효율적으로 처리하기 위해서 그래픽 신디사이저Graphics Synthesizer GPU와 페어를 이루는 이모션 엔진 Emotion Engine CPU를 사용하여, 초당 7천 5백만 개라는 어마어마한 양의 폴리곤을 처리할 수 있었습니다. 기본 프레임 버퍼(하드웨어 안티 앨리어싱 없음)만을 제공함에도 불구하고, 이 새로운 콘솔은 이전 버전과도 확실히 차별화되어 기존의 플레이스테이션 1용 게임 타이틀의 지나치게 들쭉날쭉하고 거친 화면보다 확실히 우수하고 현재에도 통할 만한 더 진보한 그래픽을 선보일 수도 있었습니다.

▶ 꼭 눈여겨 볼 게임 : 파이널 판타지XII FINAL FANTASY XII (Square Enix, 2006)

이 게임은 플레이스테이션2의 끝자락이자 플레이스테이션3이 시대의 첨단에 오르는 시점 즈음에 등장했는데, 이는 일부 사람들이 이 게임에 대해 간과하고 넘어갔습니다. 믿을 수 없는 제작 역량을 가지고 있는데 참 아쉬운 일입니다.

이곳 저곳을 이동하다 보면 게임이 아닌 마치 실제 장소에 있는 것 같은 느낌을 받게 될 정도로, 실제 살아 움직이는 것 같은 마을을 세밀하게 잘 표현했는데, 특히 이전(혹은 후속)게임의 팬이라면 플레이할 만한 가치가 충분히 있습니다.

▶ 꼭 해봐야 할 게임 : 그랜드 테프트 오토III GRAND THEFT AUTO III (Rockstar Games, 2001)

이전 "그랜드 테프트 오토" 게임은 제가 개인적으로 가장 좋아하는 게임들 중 하나이기도 합니다. 개인적으로 저는 내려다 보는 스타일의 탑-다운 뷰를 좋아하지만, 2001년에 3D 그래픽으로 도시 전체를 표현한 것은 정말로 놀라운 일이었습니다.

물론 이전 GTA의 모든 특성 또한 존재합니다. 단지 여러분이 좀더 개인적인 관점을 가지고 경험하고 있을 뿐입니다. 이런 관점은 게임에 고유한 캐릭터를 부여하기 위해 인상적인 스토리 라인으로 짜여진 일련의 캐릭터 및 임무와 결합됩니다. 결과적으로 이 시리즈가 여전히 우리에게 확고하게 남아 있다는 점을 생각한다면, 이 게임이 어떤 영향을 미쳤는지는 분명합니다.

▶ 꼭 피해야 할 게임 : 서퍼링 H_3O SURFING H_3O (Rockstar Games, 2000)

우리들은 물의 원소기호가 H2O라고 알고 있죠. 그런데, 이 게임을 해보고 나서, 저는 H3O가 배설물의 기호라고 생각되었습니다. 차라리 이게 더 말이 되겠네요.

제가 이런 말을 하는 이유는 이 게임이 변색된 물에서 파도타기를 해서가 아니라, 게임이 너무 지루하기 때문입니다. 초기 버전에는 실제로 미니 서핑 보드가 함께 제공되었습니다. 실제로 여러분의 듀얼 쇼크Dual Shock에 착하고 달라붙었죠. 그런데, 실제로 이것은 그냥 방해만 되었습니다. 이 게임이 여러분에게 선사하는 것처럼 말이죠.

닌텐도NINTENDO GAMECUBE

게임큐브는 경쟁 기종들보다 조금 늦게 2001년 9월에 출시되었으며, 시기상 플레이스테이션2(200 페이지 참조)와는 정면 충돌을 피할 수 없었기 때문에 판매량은 다소 저조한 편이었습니다. 하지만 상대적으로 낮은 가격에, 닌텐도의 독점 타이틀 및, 잘 빠진 디자인 등의 여러 장점들 덕분에 게임큐브는 2007년까지 꾸준히 판매되었습니다.

닌텐도는 닌텐도64 이후로 디스크 매체를 게임큐브에 채택하는 것을 꺼려 했을 지도 모르지만, CD보다 용량이 더 큰 포맷의 DVD가 제공하는 저장공간을 잘 사용했으며 이에 만족했습니다. 게임큐브는 1.5GB용량을 수록할 수 있는 미니 DVD 디스크를 채택했는데, 이것은 안타깝게도 플레이스테이션2와는 달리 게임큐브는 일반 영상 DVD 플레이어로 사용할 수 없다는 것을 의미했습니다.

제품 정보

제조 업체 : 닌텐도 Nintendo
CPU : IBM PowerPC Gekko
출력 색상 : 1677만색 (24비트 트루 컬러)
RAM : 24MB
출시일 : 2001년 9월
출시지역 : 일본
출시가격 : ¥25,000

사이즈의 문제

제품의 크기를 고려할 때, 이 선택은 디자인에 확실하게 적용되었습니다. 닌텐도의 전례대로 게임큐브는 4개의 컨트롤러 포트(닌텐도 64: 192페이지 참조)를 제공했으며, 컨트롤러는 이전에 비해 현저하게 개선되었습니다.
트리플 핸들은 사라졌고 플레이스테이션의 컨트롤러와 좀 비슷한 모양이 되었으며, 왼쪽 아날로그 스틱과 D-pad가 교체되었습니다. 버튼은 인체공학적으로 설계되었으며 모든 패드는 럼블 서포트 진동 기능을 갖추고 있어, 일부는 이 컨트롤러를 역대 최고의 컨트롤러로 꼽기도 합니다.

▶ 꼭 눈여겨 볼 게임 : F-제로 GXF-ZERO GX
(Sega, 2003)

"F-제로"를…, 세가가 개발했다고? 이게 무슨 미친 짓이야?! 세가의 어뮤즈먼트 비전Amusement Vision 스튜디오에서 개발한 이 게임은, 실제로 세가가 하드웨어 시장 경쟁에서 물러난 후 닌텐도와의 첫 번째 협업의 결과물이며 코르크 마개 위에 만개한 꽃과 같은 제품입니다.

기존 "F-제로" 게임과 마찬가지로 여러분은 시속 1000㎞ 이상의 속도로 호버 차량을 운전하는 최강의 비주얼을 가진 정신나간 레이서가 될 수 있습니다. 슈퍼 패미컴(144페이지 참조)의 원조 시리즈는 이러한 종류의 속도를 가진 게임을 시뮬레이션할 처리 능력이 부족했을 수 있지만, 이 것은 그 속도의 장벽을 깨부수는 느낌을 주며 경이롭기까지 합니다.

▶ 꼭 해봐야 할 게임 : 이터널 다크니스ETERNAL DARKNESS
(Nintendo, 2002)

만약 여러분이 본인의 정신력을 테스트하는 게임을 찾고 있다면, 이것이 바로 여러분을 위한 게임일 것입니다.

이 게임은 할아버지를 죽인 살인범을 찾는 알렉산드라 로이바스 Alexandra Roivas를 플레이하는 3인칭 공포 모험 게임입니다. 그의 저택에 도착하면 끝없는 어둠의 세계로 들어가고 모든 것이 불길합니다. 이것은 독특한 경험과 끊임없는 불안감 모두를 경험할 수 있는, 모두를 위한 필수 플레이 게임입니다.

▶ 꼭 피해야 할 게임 : 아쿠아맨 배틀 포 아틀란티스AQUAMAN: BATTLE FOR ATLANTIS
(TDK Mediactive, 2003)

이런, 이런, 이런, 아쿠아맨이 아니라면 타이츠를 입고 수영할 수 있는 능력 같은 것은 없었을 겁니다.

여러분은 아쿠아맨을 플레이하면서 아틀란티스를 파멸에서 구하려는 시도를 하게 될 것입니다. 여전히 만화책과 같은 이미지를 보고 이리저리 헤엄치는 것 말고, 여러분은 종종 같은 모습을 가진 캐릭터들과 반복적인 전투에 휘말리는 자신을 발견하게 될 것입니다.

아, 한 시간 동안 컨트롤러를 좌우로 흔들면 아마도 더 재미있을 것입니다.

마이크로소프트MICROSOFT XBOX

지금 세상에선 아무도 스페인 종교재판소 같은 억지를 기대하지 않습니다. 그리고 이와 마찬가지로, 게임기를 파는 방식으로 마이크로소프트가 시장에 게임 콘솔을 출시할 것이라고 예상이나 기대하는 사람들 또한 없었습니다. 한술 더 떠서 성공하리라는 것 또한 말이죠. 하지만 2001년 11월 북미에 마이크로소프트 Xbox가 출시된 지 얼마 지나지 않아, 그 예상 밖의 이변이 일어났음을 발견했습니다.

여러분은 당시에 마이크로소프트는 소위 "멋진" 회사와는 거리가 좀 멀었다는 것을 우선 기억해야 합니다. 그들은 일단 PC용의 운영체제를 만들었고 많은 사람들에게 마이크로소프트의 게임 분야에서의 모험은 대부분 "마이크로소프트 골프Microsoft Golf"와 "마이크로소프트 플라이트 시뮬레이터Microsoft Flight Simulator" 정도로 기억되고 있었기 때문에, 게임 업계에 마이크로소프트가 진입하는 것은 이상하게 보였습니다.

이 아이디어는 "다이렉트X 박스DirectX Box"라는 아이디어를 중심으로 고안되었으며, 그 뒤에 있는 팀들은 모두 마이크로소프트의 개발자들이었기 때문에, 다른 개발자들이 좋아할 만한 시스템이 무엇인지 잘 알고 있었습니다. 복잡한 콘솔 디자인을 만드는 대신에, 시스템은 PC와 매우 유사하게 구축됩니다. 개발자 및 소비자에게 장점은, 다양한 사양에서 작동하는 PC게임을 만드는 대신 Xbox의 사양에 맞추어 정확히 게임을

제품 정보

제조 업체 : 마이크로소프트 Microsoft
CPU : 인텔 Intel Pentium III 733Mhz
출력 색상 : 1677만색 (24비트 트루 컬러)
RAM : 64MB
출시일 : 2001년 11월
출시지역 : 북미
출시가격 : $299

제작하여 기기를 최대한 활용할 수 있다는데 있습니다. 이 Xbox 시스템은 당시로서는 높은 사양으로 제작되었지만 개발 팀은 이 제품을 많은 사람이 구매하고 널리 활용하기 위해서는 소위 "킬러 앱"도 반드시 필요하다는 것을 알고 있었고, 덕분에 "헤일로Halo"를 출시하게 되었습니다.

이 게임 유닛의 순수한 그래픽 파워와 놀라울 정도로 재미있는 게임에 힘입어 Xbox는 2001년 안에 150만대가 팔렸고, 다른 지역에서는 적당히 팔려서 북미 홈그라운드가 주요 판매 장소가 되었습니다. 북미에서는 2:1의 비율로 다른 지역의 판매량을 능가했습니다.

영국에는 2002년 3월에 출시되었지만, 일단 299파운드의 첫 가격표가 플레이스테이션2 (200페이지 참조)의 가격에 맞춰서 인하된 후에야 콘솔 판매 숫자가 상당히 증가하게 되었습니다. 2003년 가격이 £129로 더 내려갔을 때, Xbox라는 브랜드가 콘솔을 새로운 시대로 이끌어 갈 수 있는 기반을 다졌습니다. 이 Xbox는 후속기 Xbox 360이 출시되면서 단종이 되었습니다.

Duke와 Nukem?

전체적으로 엄청난 크기를 자랑한 Xbox의 컨트롤러 1세대는 당연히 "패티Fatty(뚱땡이)"라는 별명을 얻었고, 이후 추가로 "듀크Duke"(*편집 주)라는 별명이 붙었습니다. 비록 이 컨트롤러는 너무 부피가 크다는 비판을 받았지만, 꾸준히 Xbox용 컨트롤러의 길을 걸어 디자인을 완성시켰습니다.

편집 주

*듀크 Duke: '공작새'를 뜻하는데, 이 컨트롤러를 개발한 브렛 슈네프(Brett Schepf, 2020년 사망)가 그의 어린 아들의 이름을 따서 붙인 것이라고 한다.

▶ **꼭 눈여겨 볼 게임 : 하프 라이프 2**HALF LIFE 2
(Valve Corporation, 2005)

Xbox는 (같은 코어가 있기에) PC게임을 이식하는 데 유리하고 익숙했지만, 저는 개인적으로 "하프 라이프 2"의 콘솔 버전이 그렇게까지 완성도가 높을 줄은 몰랐습니다. 제가 얼마나 잘못 생각했는지… 아무튼 놀라운 점은 싱글 플레이 모드에서는 PC 버전과 거의 동일하다는 점인데, 이는 결코 쉬운 일이 아닙니다.

이 지능적인 FPS 게임의 플레이는 물리 역학과는 별개로 전설적이지만, 역학을 제외해도 이 게임이 보여주는 과시적인 시각적 어필로 게임 속 세상과 교감하게 만드는 방식은, 숨막히는 놀라움과 몰입의 영역입니다. 방대한 지역이 펼쳐져 있으며 각 지역은 세부적으로 잘 묘사된 스프라이트, 잘 구현된 그림자 효과, 감탄스러운 시야 거리 계산 처리 등으로 훌륭하고 멋지게 보입니다. 실로 죽을 때까지 즐길 수 있습니다!

▶ **꼭 해봐야 할 게임 : 헤일로 컴뱃 이볼브드**HALO: COMBAT EVOLVED
(Microsoft Game Studios, 2001)

"헤일로"는 Xbox와 꼭 손잡고 쭉 함께 갑니다. "헤일로"가 없었다면 Xbox는 인기를 얻지 못했을지도 모릅니다. 그렇기에 이 콘솔에서 꼭 플레이할 가치가 있는 게임이라고 한다면 분명히 이 게임일 것입니다.

콘솔은 보통 자리 잡기까지 시간이 걸리므로 개발자들은 자신이 하는 일이 무엇인지 정확히 알고 플랫폼에서 최고의 성능을 이끌어내기 위해서 노력했습니다. 그래서 처음부터 완벽하게 만들어진 게임은 앞으로 좋은 일만 가득할 징조였습니다.

실제로 다른 6세대 게임 타이틀보다 빠르게 판매되었으며 반년도 안 되는 시간에 백만 장 이상이 판매되었습니다.

본질적으로 "헤일로"는 FPS게임에 불과하지만, 광활한 플레이 필드, 정신 없이 싸우는 전장, 라이벌 게임들과 차별화된 설득력 있는 스토리 라인을 갖추고 있기도 합니다.

▶ **꼭 피해야 할 게임 : 카부키 워리어즈**KABUKI WARRIORS
(Crave Entertainment, 2001)

지금까지 여러 가지 구린 격투 게임들을 보아왔지만 이 "카부키 워리어즈"는 그 중 최악이라고 할 만합니다.

이 게임은 가부키 극장을 중심으로 관중이 여러분을 얼마나 좋아하는지에 따라 돈을 번다는 점에 있어서 보통의 게임들과는 다릅니다. 그러나 문제는 처음부터 분명히 드러납니다. 첫번째로 선택 캐릭터 중 일부는 얼굴이 보이지 않는 견본 캐릭터처럼 보입니다. 두번째로 그래픽이 딱히 화려하지 않습니다. 기본에 가깝죠. 세번째로 공격 버튼이 하나 밖에 없어서 막대기를 부러뜨리는 것 정도 외에는 특별한 움직임이 없습니다. 마지막으로 게임이 너무 반복적입니다.

소형 휴대용 게임기

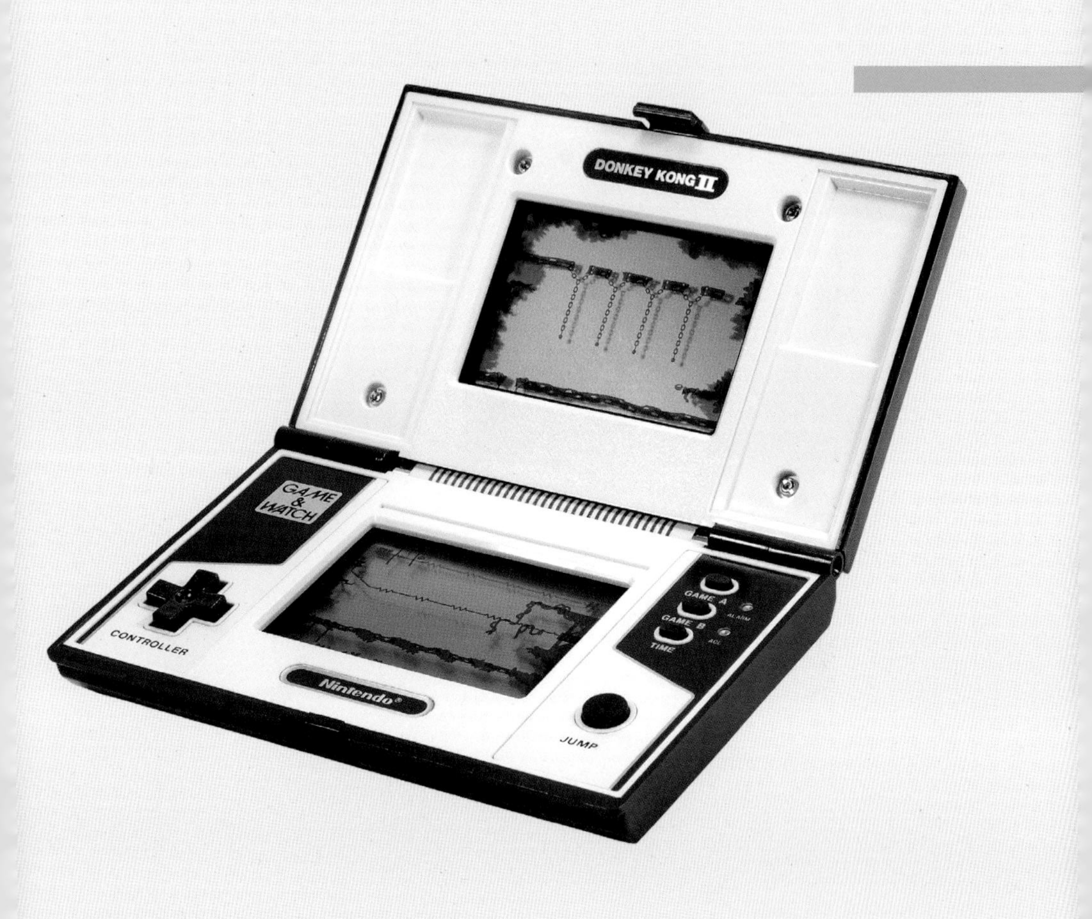
DONKEY KONG II
GAME & WATCH
CONTROLLER
Nintendo
GAME A
GAME B
TIME
JUMP

여러분들은 아마도 제가 이 책에서 휴대용 게임기들을 생략했다는 사실을 눈치 채셨을 것입니다. 그럴 만한 충분한 이유가 있는데, 사실 휴대용 기기 관련 내용 만으로 따로 책을 내서 독립된 한 권의 책을 읽을 만한 가치가 있다고 생각합니다. 각종 PC와 콘솔이 세상에 등장할 때에, 한편으론 MB마이크로비전MB Microvision부터 시작해서 닌텐도의 게임보이Nintendo Gameboy로 확장된 다음, 아타리 링스Atari Lynx와 세가 게임 기어Sega Game Gear로 컬러의 세계에 발을 들인 별도의 소형 휴대용 게임기들이 존재했기에 이렇게 따로 수록을 했습니다. 하지만 이런 초기의 개척자들과 같은 제품들 외에도, 와타라 슈퍼비전Watara Supervision이나, 원더스완 칼라Wonderswan Colour, 심지어 두통을 유발하는 버추얼 보이Virtual Boy와 같은 휴대용 시스템들도 있습니다. 그들 모두를 여기에 몰아 집어넣는 것은 모두에게 불공평한 짓을 하는 것이 될 것입니다.
휴대용 게임기들을 대수롭지 않게 여기고 부정하는 것은 쉽지만, 하드웨어가 (마스터 시스템에서 변화한) 게임 기어처럼 콘솔의 진화를 이루어 낸 제품이든, 그 자체로 맞춤형으로 제작된 독자적 제품이든, 그들의 여정은 가정용 컨슈머나 PC들과도 똑같이 중요하며, 가까운 미래에 이들만의 이야기를 별도로 들려주고도 싶습니다. 하지만 지금은 살짝 맛만 보도록 하죠.

오랜 추억을 가진 사람들 중에는 닌텐도가 1980년에서 1991년 사이에 제작한 고정형 LCD 디스플레이가 장착된 포켓 액정 게임들과, 게임&워치Game & Watch를 기억하는 사람들이 있습니다. 닌텐도의 요코이 군페이Yokoi Gunpei가 LCD 계산기를 가지고 놀면서 시간을 때우는 어떤 사업가를 보고 무의미한 수학놀이보다 게임이 더 재미있을 것이라 생각하고 영감을 얻어 발명해낸 것으로 알려져 있습니다. 그리하여 80년대 후반에 등장한 접이식 듀얼 스크린 모델 게임&워치 시리즈 중에 동키 콩, 마리오 브라더스, 심지어 젤다의 전설과 같은 초기 게임들이 포함된 시리즈가 탄생했습니다.

1989년 닌텐도의 요코이 군페이 팀이 개발한 게임보이는 패미컴처럼 ROM카트리지 기반 게임을 제공했으며, 시스템 처리 능력과 스크린의 크기 및 화질에 부정적인 의견이 있었음에도 불구하고, 출시 첫 해 미국에서만 1백만여대 이상이 팔렸습니다. 그리고, 킬러 타이틀으로 제공된 게임은 바로 그 "테트리스Tetris" 였습니다.

아타리는 첫번째 컬러 휴대용 게임기인 링스를 내보내 다시 반격을 가했는데, 최대 18명의 플레이어와 함께 플레이할 수 있는 네트워크도 지원했습니다. 그러나, 결과로는 닌텐도가 배터리를 자주 갈지 않아도 되도록 선택한 백라이트가 없는 흑백 스크린이 옳았다는 걸 증명한 셈이 되었습니다. 아타리 링스는 그렇게 훌륭한 스프라이트 이용 기능(* 편집 주)에도 불구하고 상업적으로 큰 성공을 거두지 못했습니다.

당시 닌텐도의 가장 큰 라이벌이었던 세가는 1991년까지도 휴대용 게임기어를 출시하지 못했고 이후 NEC의 터보익스프레스TurboExpress에게도 뒤쳐졌습니다. 세가의 휴대용 게임기 게임 기어는 본질적으로 마스터 시스템에 가까웠기 때문에, 세가는 마스터 시스템의

편집 주
아타리 링스는 당대 휴대용 게임기 중 최초로 하드웨어 레벨에서 스프라이트의 확대 축소 및 회전을 지원하는 게임기였다.

닌텐도 게임보이
Nintendo Gameboy

아마도 역사상 가장 유명한 휴대용 게임기 일 것입니다.

세가 게임기어
Sega Game Gear

TV 튜너 어댑터를 사용한 게임기어의 컬러 화면은 훌륭했지만 배터리에 문제가 있었습니다.

닌텐도 버추얼 보이
Nintendo Virtual Boy

엄밀히 따져서 휴대용(배터리로 구동됨)인 이 초기 VR 시스템은, 뷰 마스터VIEW MASTER와 MB백트렉스MB VECTREX 사이의 하이브리드와 유사했으며, 상업적으로 성공을 거두지 못했습니다.

마이크로비전 블록버스터
Microvision BlockBuster

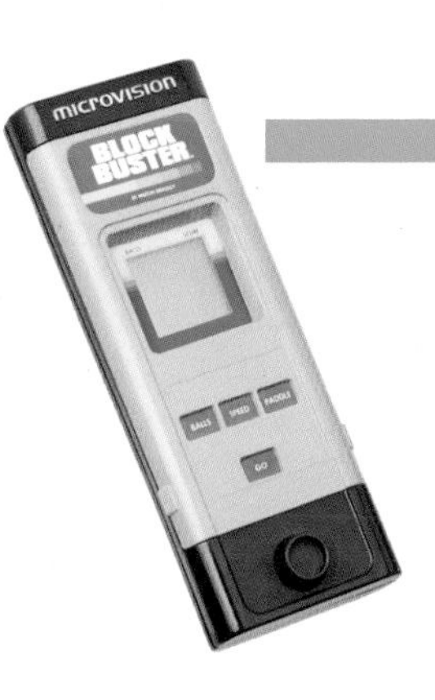

아마도 교환이 가능한 게임을 사용한 최초의 휴대용게임기일 것입니다.

닌텐도 게임보이 어드밴스 GameBoy Advance

닌텐도의 게임보이를 계승하는 위치에서 성공적인 휴대용 컬러 게임기는 2001년에 출시되었고, 시장을 빠르게 장악했습니다. 사실 이 기기는 최초의 "가로형 가로 화면" 게임 보이였습니다.

좋은 게임 라이브러리를 빠르게 가져와서 사용할 수 있었습니다. 또한 게임기어는 아날로그 방송 시대에 무려 공중파TV를 시청할 수 있는 TV 튜너도 있었습니다. 소문에 의하면 세가는 후속 악세사리로 터치 스크린을 사용할 것을 고려하기도 했지만, 결국 그 대신으로 노매드Nomad라는 휴대용 제네시스Genesis 게임기를 내놓았습니다.

휴대전화와 앱의 등장에도 불구하고 휴대용 게임기들은 계속해서 출시되었는데, 아마도 인체공학적 터치 스크린 제어가 실제의 패드 버튼을 대체하지 못했기 때문이라 생각합니다. 휴대전화의 대중화에 따라, 전자제품으로 야외 어디에서나 게임을 하는 아이디어가 소비자에게 널리 보편화되었기 때문인 것 같기도 합니다.

NEC PC엔진 GT (NEC TurboExpress)

PC엔진의 휴대형 모델인 이 기기는 백라이트 컬러 화면이 탑재된, 부자 어린이를 위한 게임보이의 대안이었습니다.

타이거 기즈몬도
Tiger Gizmondo

이 짧은 수명을 가졌던 휴대용 콘솔은 2005년에 출시되었고 2006년에 단종되었습니다. 회사 이사들에 대한 각종 형사 고발로 인해 제품의 미래도 사라진 것입니다(그리고 출시되기도 전에 미래의 와이드 스크린 버전을 발표했다는 사실).

노키아 N게이지
Nokia N-Gage

당시에 인기있던 휴대폰 제조업체였던 노키아는 2003년 모바일 게임 시장에 진출했지만, 실제로는 그것을 대놓고 홍보하지는 않았습니다. 어쩌면 많은 사람들이 PDA의 스네이크SNAKE(*편집 주)가 노키아와 관련된 유일한 게임이라고 생각하고 있을지도요.

편집 주

*스네이크: 뱀이 먹이를 먹으면서 몸이 점점 늘어나 길어지는 단순한 게임, 뱀의 머리가 늘어난 자기 몸에 부딪히면 게임 오버가 된다.

소니 플레이스테이션 포터블
Sony PSP

2003년에 발표된 플레이스테이션 포터블 PLAYSTATION PORTABLE은 소니가 영화를 배급할 때 사용한 소형 광학 디스크(UMD)를 탑재했습니다. 사실 성공한 휴대용 하이엔드 3D게임기였습니다(AA셀 건전지 대신 충전 식 배터리를 사용하는).

PC 게이밍

IBM-PC 호환기종들은 1981년에 IBM-PC IBM-Personal Computer의 등장과 함께 시작되었다고 할 수 있겠지만, 그 이후 오랜 기간 동안 다양한 제조업체의 다양한 부품으로 구성되어 발전했습니다. 독점적인 게임기 플랫폼이 발전함에 따라 PC의 사양도 꾸준히 발전했는데, 우리가 프로세서 업그레이드, 비디오 카드, 사운드 카드, 메모리 등 중에서 어느 것을 말하던 간에 PC는 그 모든 것을 커버할 수 있는 거대한 플랫폼이며, PC에서의 수많은 게임들을 정의하고 설명하기 위해서는 이 PC가 중심이던 시간선을 기준으로 주요 시대별로 나누는 것이 적절할 것입니다.

결론은 휴대용 게임기와 마찬가지로 PC를 사용한 게임 플레이에 관한 내용들은, 따로 책 한 권 전부를 차지할 만큼 방대한 분량으로 깊이 읽을 만한 가치가 있고, 그렇기 때문에 이 책에서는 생략 및 제외되었습니다.

IBM

IBM

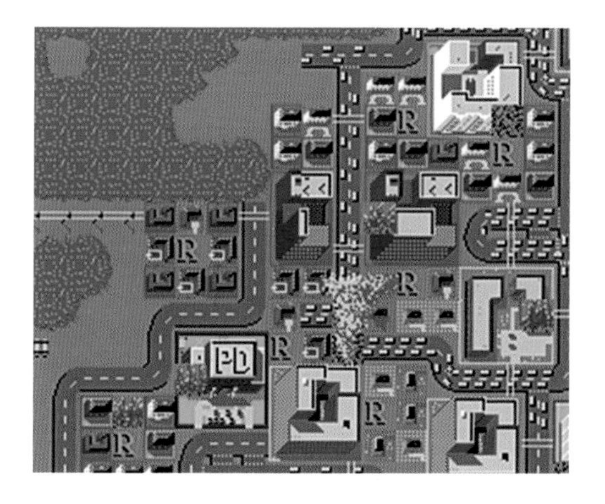

끝마치며

다양한 게임기에 대한 이 책의 이야기가 단지 2001년까지 만의 것이라고 생각할지도 모르지만, 사실 오늘날도 상황은 그다지 바뀌지 않았습니다. 8090년대 초반 메인 콘솔 브랜드들은 여전히 건재하고, 수많은 주요 게임용 컴퓨터들은 단순히 출시가 늦은 컴퓨터들입니다(일부는 여전히 윈도우XP를 사용하고 있음). 물론 기술들은 계속해서 발전해왔고, 오늘날의 플레이스테이션 게임기는 이전 버전보다 몇 배 더 발전했습니다. 그런데 우리들은 1980년대와 1990년 초에 보았던 수많은 플랫폼들을 버리고 플레이스테이션, Xbox, 스위치Switch, 그리고 PC의 팬들로 자리잡은 것 같습니다(물론 애플Apple을 잊지는 않았습니다).

일부 사람들은 '애플 대 윈도우즈', 혹은 '플레이스테이션 대 Xbox'의 싸움 등등처럼 특정 플랫폼들에 열을 올리고 싸우고 욕을 할 수도 있습니다. 마치 1980년대에 '코모도어 기종 소유자들과 싱클레어 기종 소유자들 간의 싸움'이나, 1990년대 '세가 팬 대 닌텐도 팬의 싸움'들처럼 말이지요. 그런 것들은 모두 여러분들에게는, 돛대에 스스로의 색을 붙이고 자신에게 긴 세월 동안 즐거운 시간을 가져다준 기계를 응원하는 재미일 것입니다.

어떤 면에서는 우리에게 예전처럼 다양한 플랫폼의 선택지가 더 이상 없다는 것이 아쉽고 안타깝기도 합니다. 하지만, 모두가 같은 생각을 하는 편이 훨씬 간단하기는 할 겁니다. PC게임을 원하시면 컴퓨터의 사양만 맞추면 됩니다. 콘솔 게임을 원하는 경우 플레이스테이션 시리즈나 Xbox 시리즈나 둘 다 거의 동일하니 한 쪽을 선택하면 됩니다. 간단하게 말하자면 여러분은 게임업계의 시민이라고 선언할 수 있을 것입니다. 그 길을 따라 모든 플랫폼이 하나의 마스터 플랫폼으로 통합되는 유토피아라는 특이점에 도달할 수도 있습니다. 그러나 어느 누구도 독점을 좋아하지 않으며, 컴퓨터와 콘솔 플랫폼도 다르지 않을 것이라 생각합니다. 제 말은, 재미의 절반은 각각 다른 사람들마다의 경우와, 여러 사람의 의견을 다루는 것에서 시작된다는 것입니다.

게임 자체에 대한 재미와 즐거움은, 소프트웨어나 하드웨어에만 있는 것이 아닙니다. 이는 프로세서 브랜드에 대해 이야기하든 가상 현실 헤드셋을 선택하던 모두에게 해당되는 점입니다. 게임을 선택하고 기기를 선택하여 여러분의 마음(그리고 돈)을 쏟아 붓고, 그 대가로 새로운 탐험의 세계로 떠나는 것입니다. 저는 앞으로 몇 년 동안은 큰 변화가 없을 것 같아 보입니다만, 그렇기에 저는 기쁘기도 하고 흥분되기도 합니다.

Index

picture credits

Thanks to:
Ilex Picture Archive
Moby Games
Dan Wood (Amiga 1200)
Evan Amos
Simon Owen (SAM Coupé)